园艺大师系列

图说蓝莓整形修剪与12月栽培管理

[日]荻原勋　著

新锐园艺工作室　组译

中国农业出版社

北　京

前 言

蓝莓又叫越橘，是常见的家庭果树，其果实富含抗氧化物质，具有极高的保健作用，因而受到广泛关注。近年来在日本，蓝莓的产量和需求量都在逐年递增。

蓝莓的商业生产历史较短，原产地美国也是从1908年才开始对其进行驯化选种。日本于1951年引进北高丛蓝莓，后在1962年引进兔眼蓝莓。1964年3月，在东京农工大学任教的岩垣驶夫，于学校果园开始进行蓝莓的产业开发研究；随后，岩垣老师的学生在东京小平市首次进行蓝莓的商业生产，自此蓝莓逐渐在日本各地普及起来。可以说，东京农工大学是日本蓝莓研究的开拓者，拥有超过50年的种植经验和研究基础。

本书面向热衷于家庭园艺的读者，介绍了经过长年研究总结积累所得的蓝莓栽培技术。本书分别从蓝莓种植过程中的水肥管理、病虫害防治、整形修剪等方面介绍12月栽培管理技术，图文并茂，让读者更好地了解种出美味蓝莓所需的种植步骤和技术。此外，本书从逐年递增的蓝莓品种中选出了39种适合家庭种植的蓝莓品种，既详细总结了这些品种在种植管理中需要注意的技术要点，还对果实的甜酸度、硬度等做了介绍。您一定可以通过本书找到适合自家种植环境或是符合自己喜好的品种。

3～4月，市场上会出现很多开着如满天星般花朵的蓝莓树苗，您也许是因为这些惹人怜爱的花朵而开始尝试种植蓝莓，不管如何，笔者希望更多的人能够在家中体验种植和收获美味、新鲜蓝莓的乐趣。

东京农工大学教授　荻原勋

2017年3月

目 录

第 1 章 蓝莓栽培的基础知识

栽培蓝莓的乐趣

从6月开始蓝莓会结出青紫色的果实，为初夏的庭院增添一抹亮色（图为南高丛蓝莓）

蓝莓是众多果树中最受人们喜爱的庭院果树之一。那么，栽培蓝莓到底有哪些乐趣呢？

蓝莓树较矮，方便管理

蓝莓株高1 ～ 3米（兔眼蓝莓株高可达10米，但栽培中常控制在3米左右），不需要借助梯子也能进行管理。结果位置离地面只有1人高，即使孩子也很容易采摘，因此可以与家人一起照顾果树。而且蓝莓根系狭窄、株型紧凑，不仅适合庭院种植，也适合盆栽。

蓝莓品种丰富，可在多种气候条件下栽培

虽然蓝莓的栽培历史较短，但品种繁多，仅日本市面上就有超过100种。蓝莓原产于寒冷地带，因此育成的适合在寒冷地

能够品尝刚采摘的完全成熟的新鲜果实是家庭种植果树的最大魅力

自家制作的蓝莓果酱味道独特，使用酸度强的品种能使味道更有层次感

白色、粉色的小花呈总状花序成串开放（图为北高丛蓝莓）

11月晚秋时节漂亮的红叶（图为兔眼蓝莓）

区种植的品种较多，适合在温暖地区种植的品种也在不断增加，因而可以挑选适合自家环境的品种。

可以品尝新鲜、完全成熟的果实

蓝莓果实保鲜困难，如鲜食，需在采后5天内食用。但在家中种植蓝莓就能及时品尝完全成熟的新鲜果实。如果采摘过多时，还可趁新鲜时冷冻保存以便日后食用。蓝莓的用途广泛，除鲜食外，还可以制作果酱、果汁、冰激凌等。

尽情享受四季植物景观的变化

蓝莓在4月时会开出像满天星一般成簇的花朵。花形因品种不同而异，有吊钟形、壶形等，形状多样。此外，蓝莓属落叶果树，到了11月，枝叶会变成赤红色。春赏繁花，夏品美果，秋有落红，冬赏木枝，四季皆有景，观赏性极高。

花

蓝莓的花通常由花萼、花冠、雄蕊和雌蕊四部分组成，共同着生在花梗顶端的花托上。花梗又叫花柄，是枝条的一部分。蓝莓绝大多数品种为总状花序（具有较长的花轴，各朵花以总状分枝的方式着生在花轴上，花梗近似等长，整个花序椭圆形）。蓝莓的花呈红色或白色，多数为坛状，也有钟状或管状。雄蕊比花柱短，嵌入花冠基部围绕花柱生长。

叶

蓝莓的叶片为单叶互生，多为落叶，大部分品种叶片背面被有茸毛，而矮丛蓝莓叶片背面很少有茸毛。

● 花　　● 叶

果实

果实的大小、颜色因品种不同而不同，兔眼、高丛和矮丛蓝莓果实多为蓝色，被有不同程度的白色果粉，果实直径一般0.5 ~ 2.5厘米，形状多为扁圆形，萼片宿存，一般单果重0.5 ~ 1.5克。花后70天左右果实成熟。

根和根状茎

蓝莓为浅根性植物，根系主要分布在浅土层，没有根毛，根系不发达，纤细根多，粗壮根很少，呈纤维状，而有菌根菌。矮丛蓝莓的根大部分是由根茎蔓延而形成的不定根。不定根在根状茎上萌发，并且形成枝条，新生的根状茎一般为粉红色，而老根状茎为暗棕色，并且木质化。

● 果实

图为矮丛蓝莓‘芝妮’的果实

● 根

几乎所有蓝莓的细根都有菌根菌寄生，从而解决其根系由于没有根毛造成的对水分及养分吸收能力下降的问题

芽的发育和分化

叶芽会抽生新的枝条，而花芽会开花结果。一般叶芽着生于枝条的中下部，花芽着生在结果枝条的上部，花芽在一年生枝上的分布有时被叶芽间断，花芽一般呈卵圆形，叶芽呈圆锥形，花芽比叶芽肥大。叶芽完全展开约在盛花期前10天，花芽从萌动到盛开约1个月时间，花期约2周。

枝条的生长

蓝莓在一个生长季节可以有多次枝条生长，一年至少有2次新梢生长期，一次是初夏，春季温度适宜后，叶芽萌发抽生新枝，新梢长到一定程度后停止生长，顶端生长点小叶片变黑形成黑尖。黑尖脱落后20 ～ 30天顶端叶芽重新萌发，长出新枝，即第二次生长期开始。

果实的发育

蓝莓的果实为单果，开花后约2个月成熟。花受精后，子房迅速膨大，果实保持绿色，之后果实开始着色，需20 ～ 30天才能完全成熟。

● 新梢顶端形成黑尖

新梢长到一定程度后停止生长，顶端生长点小叶片变黑形成黑尖，黑尖维持15天后脱落，蓝莓的这一时期叫作黑尖期

● 果实成熟的过程

一年中，蓝莓树生长基本分为芽萌动开花期、果实膨大期、花芽分化期、休眠期四个时期。

进入4月，树枝顶部绽放花朵，同时叶芽萌发、新梢生长（当年长出的枝条称为新梢）。花授粉受精后，花冠脱落，之后果实开始膨大。没有授粉的花在开花后20天内就会脱落。果实膨大需要2～4个月，高丛蓝莓在6月上旬就能收获果实，兔眼蓝莓要在7月中旬才能收获。此后，7～9月会形成花芽。

11月温度降低，蓝莓进入休眠期，且叶片变红后脱落。因品种不同，休眠先后有所不同，但12月末大多数品种都会进入休眠期（自然休眠）。翌年1月低温抑制蓝莓生长（被迫休眠），发育缓慢，但也能识别出花芽和叶芽。2月中旬以后，温度升高，日照时间延长，蓝莓的根和芽都开始生长，迎来第二轮萌芽和开花。

分清养分消耗期和贮存期十分重要

蓝莓冬季基本不能进行光合作用，从休眠期至翌年5月中旬，基本靠消耗上一年积攒在树体内的养分进行生长，而新叶长成后开始进行光合作用，才能产生养分供生长所需。树体内的养分利用的转换被称为“养分利用转换时期”。利用这个特点，5月中旬前要进行疏芽、疏果等，调整树枝和果实平衡，将贮存的养分合理分配，而光合作用开始后，要积极贮存养分，做好绿枝修剪和秋肥管理工作。

● 蓝莓的物候期

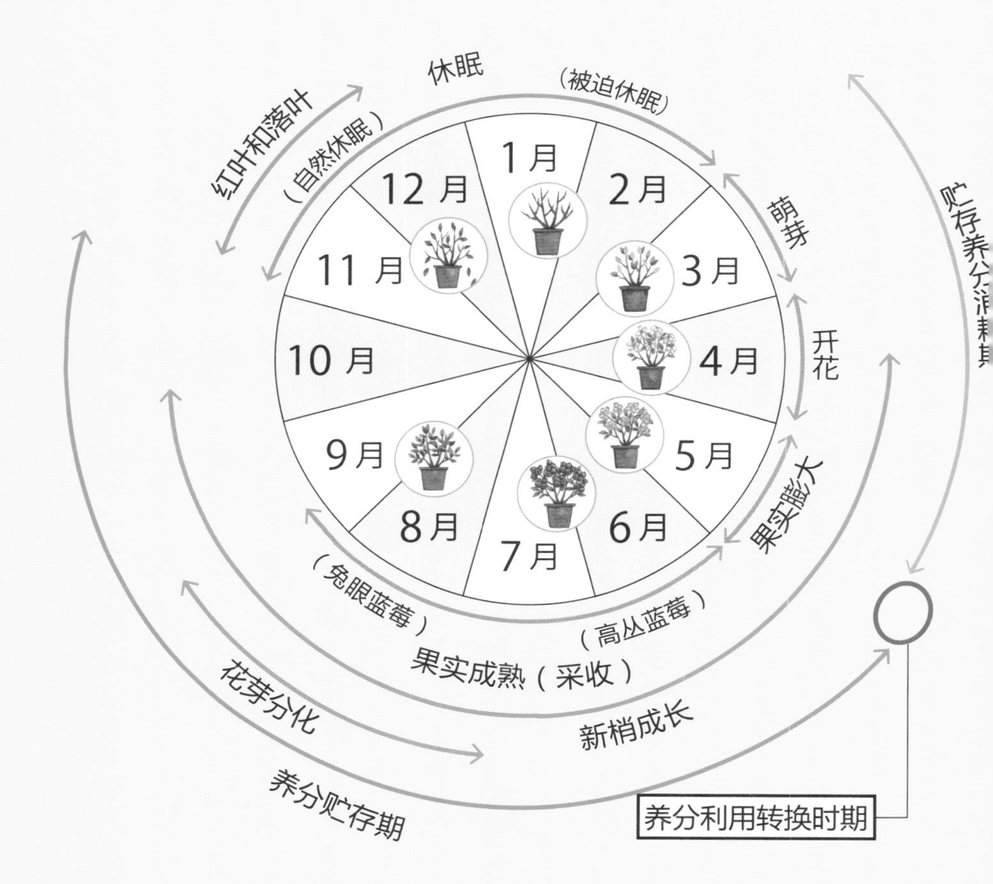

休眠
（被迫休眠）
红叶和落叶
（自然休眠）
1月
2月
3月
4月
5月
6月
7月
8月
9月
10月
11月
12月
萌芽
开花
果实膨大
贮存养分
（兔眼蓝莓）
（高丛蓝莓）
果实成熟（采收）
花芽分化
新梢成长
养分贮存期
养分利用转换时期

第2章 人气蓝莓品种推荐

蓝莓分类

蓝莓属于杜鹃花科（Ericaeae）越橘属（*Vaccinium*）簇生果类群组（*Cyanococcus*）多年生灌木（有些地区的个别品种能够四季常绿）。簇生果类群拉丁名中的“*cyano*”用英语表示为“blue”，“*coccus*”则是“berry”。与蓝莓同属的还有蔓越莓、欧洲越橘（Bilberry）和笃斯越橘。

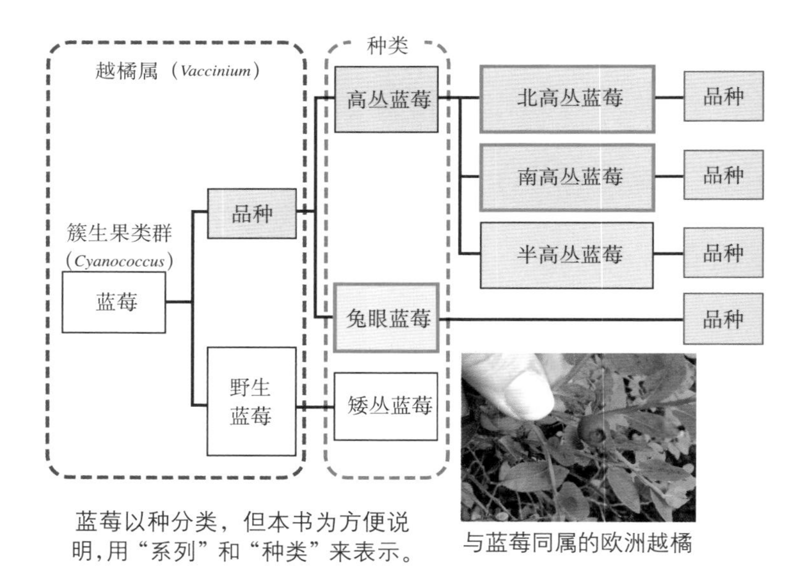

蓝莓以种分类，但本书为方便说明，用“系列”和“种类”来表示。

与蓝莓同属的欧洲越橘

簇生果类群分为高丛蓝莓、兔眼蓝莓和矮丛蓝莓3个种类。这其中除野生的矮丛蓝莓外，前两者都为人工栽培用蓝莓。兔眼蓝莓只有1个系列，但高丛蓝莓则包括北高丛蓝莓、南高丛蓝莓、半高丛蓝莓3个系列。

● 北高丛蓝莓　　● 南高丛蓝莓　　● 兔眼蓝莓

不同系列蓝莓适宜栽培地区

NHB	SHB、RB		NHB、SHB、RB
北高丛蓝莓	**南高丛蓝莓**	**兔眼蓝莓**	
适合夏季较为冷凉地区	适合冬季温暖地区	适合冬季温暖地区	日本关东地区均可耕种

北高丛蓝莓　1908年开始进行品种改良，是种植历史最长的系列。喜冷凉气候，需冷量（处于7.2℃以下的累积时间）800 ～ 1 200小时。果实椭圆形，果大，甜酸度适中。

南高丛蓝莓　是在冬季温暖地带也能种植的高丛蓝莓，1948年开始进行品种改良，需冷量100 ～ 800小时，较短。果实大小适中，甜酸度高，很多品种口感偏甜。

兔眼蓝莓　是从南美洲的河流沿岸及湿润草原地区的野生种中选育出来的，1940年开始进行品种改良。喜温暖气候，需冷量400 ～ 800小时。果实圆形，果小，虽然含糖量很高，但酸度也很高，口味浓厚。

这3个系列是蓝莓主要的栽培品种。另外，半高丛蓝莓是北高丛蓝莓与野生种矮丛蓝莓杂交而成的，更适合寒冷地区栽培。

根据适宜栽培地区和授粉亲和力选择

如前文提到的，蓝莓各个系列都有各自适合栽培的地区。北高丛蓝莓适合冷凉地区，南高丛蓝莓和兔眼蓝莓适合在温暖地区种植。即使没有温室或调温设备，只要选择合适的品种，即使在庭院或露天环境下种植也很少失败。

此外，高丛蓝莓中虽为自交亲和性（自花结果能力好）的品种，但基本由种植在旁边的其他品种授粉。刚开始种植蓝莓，应选择2个品种。但是，高丛蓝莓和兔眼蓝莓杂交坐果率异常低下，必须从高丛蓝莓中选出2个品种，或从兔眼蓝莓中选出2个品种（见86页）。

如何更好地享受栽培蓝莓

即使想随便种种，从种类繁多的品种中选出要种植的品种也是很麻烦的事情，那么如何选择适合的品种呢？

比如，如果想在时令季节品尝到新鲜的蓝莓，就要从高丛蓝莓中选择甜酸度适合、口感俱佳的品种。如果要制作果酱或酱料等加工食品，除了要选择适合鲜食鲜销的品种，还应该选择酸度强的品种。

如果想尽量延长收获时间，要搭配选择收获期在6～7月的高丛蓝莓和收获期在7～9月的兔眼蓝莓。

这样，根据个人喜好和期待的结果期来选择品种，就有了大致的选择方向了。

品种信息的阅读方法

接下来将按南高丛蓝莓、北高丛蓝莓、半高丛蓝莓和兔眼蓝莓来介绍一些读者购买方便、种植简单的品种。品种信息如下图所示。

蓝宝石　*Sapphire*

①株型/半开张　②树势/偏弱
③始花期/4月中旬
④成熟期/6月下旬至7月中旬
⑤果实大小/大粒　⑥果实硬度/硬
⑦甜酸度/甜度偏高，酸度中
⑧特点/在美洲上市的专利品种。花冠细长是其最典型的特征，花蕾和花呈红紫色。果实粒大、紧凑，果柄痕凹陷且浅。果肉紧实，非常适合运输和贮藏。

①株型。树体直立或张开，也有半张开的中间型。

②树势。兔眼蓝莓的长势很强，极易从地表长出分枝。

③始花期。高丛蓝莓开花期约14天，兔眼蓝莓约10天。授粉必须在此期间进行。

④成熟期。因品种不同分为早熟品种和晚熟品种，不同成熟期的品种搭配能使收获时间延长。

⑤果实大小。单果重不足2克为“小粒”，2 ~ 3克为“中粒”，3克以上为“大粒”。

⑥果实硬度。使用果实硬度计进行测量，将探头插入果实中得到压力值。硬度不足110克为“软”，110 ~ 140克为“中”，大于140克为“硬”。

⑦甜酸度。甜度计量：每克含糖量不足90毫克为“少”，90 ~ 110毫克为“中”，110毫克以上为“多”。酸度计量：每克总酸含量不足8毫克为“少”，8 ~ 20毫克为“中”，20毫克以上为“多”。另外，口感的甜酸度由糖和酸的平衡决定，含糖多含酸也多的品种，口感也可能偏酸。

⑧特点。记载品种来源、栽培特点以及口感等。另外，标注了“专利品种”“授权”等品种，因是特别登记品种，严禁私自扦插育苗，必须在商店购买并登记。

注：本书使用的品种数据，来源于日本东京农工大学府中校区过去3年间露天栽培蓝莓取得的数据，同时还使用了《园艺学研究》（2009）、渡边顺司的《蓝莓大图鉴——品种读本》等资料。相同品种也会由于树龄、环境条件、管理情况等原因发生数值变化。

阿伦 *Arlen*

株型／直立　树势／中
始花期／4月下旬
成熟期／6月下旬至7月上旬
果实大小／中至大粒　果实硬度／硬
甜度／中　酸度／低
特点／由美国北卡罗来纳州立大学和美国农务省共同开发培育，2001年推出的品种。成熟期在6月下旬至7月上旬，正好赶上我国长江中下游地区的梅雨季节，务必在梅雨间隙时采摘。成熟后果柄痕状态好，口感也不错。

绿宝石 *Emerald*

株型／半张开　树势／强
始花期／4月上旬
成熟期／6月中旬至下旬
果实大小／大粒　果实硬度／硬
甜度／中　酸度／中
特点／美洲授权品种。为早熟种，花芽同一时间一起开花。果实膨大后呈扁平状，果实硕大。果柄痕凹陷浅，因非常适合运输和贮藏而受到人们喜爱。

奥尼尔 *O'neal*

株型／半开张　树势／强
始花期／4月中旬
成熟期／6月中旬至7月上旬
果实大小／大粒　果实硬度／中
甜度／中　酸度／中
特点／开花早，与薄雾并列第一。果粒大、口味好，果皮鲜亮适合鲜食，常用于家庭种植或采摘园。枝条较软，常因果穗重而使枝条下垂。

海岸 *Gulfcoast*

株型／开张　树势／强

始花期／4月中旬

成熟期／6月下旬至7月中旬

果实大小／中粒　果实硬度／中

甜度／中　酸度／中

特点／土壤适应性强，收获后植株不会衰弱，生命力极强。树形优美，坐果率高且丰产，但需要修剪。在我国南方成熟期和梅雨季重合，会由于多雨造成裂果等品质问题。

蓝宝石 *Sapphire*

株型／半开张　树势／偏弱

始花期／4月中旬

成熟期／6月下旬至7月中旬

果实大小／大粒　果实硬度／硬

甜度／多　酸度／中

特点／美洲授权品种。花冠细长是其最典型的特征，花蕾和花呈红紫色。果粒大，果实紧实，果柄痕凹陷浅。非常适合运输和贮藏。

阳光蓝 *Sunshineblue*

株型／开张　树势／强

始花期／4月中旬

成熟期／6月下旬至7月上旬

果实大小／中粒　果实硬度／硬

甜度／中　酸度／中

特点／花蕾颜色非常红，开花后花也残留红色，观赏性极高。基本常绿，但特定环境下秋季叶也会变红。因其树体低矮，因此推荐盆栽，能开出美丽的花朵。

夏普蓝 *Sharpblue*

株型／开张　**树势**／强
始花期／4月中旬
成熟期／6月下旬至7月中旬
果实大小／中粒　**果实硬度**／硬
甜度／中　**酸度**／中
特点／佛罗里达州立大学于1975年培育并推出的品种，属南高丛蓝莓的初期品种。需冷量为200～300小时，适合气候温暖地区种植，耐旱性强。果实风味极好，但果柄痕易出水，注意在采摘后去除水分。

乔治宝石 *Georgiagem*

株型／半开张　**树势**／中
始花期／4月中旬
成熟期／6月中下旬
果实大小／中粒　**果实硬度**／软
甜度／中　**酸度**／低
特点／由与佛罗里达州北侧接壤的乔治亚州培育的少数南高丛蓝莓品种之一，较耐寒。花冠呈球形，叶细长，初期便显现出鲜亮的绿色，作为庭院植物观赏性极佳。

明星 *Star*

株型／半开张　**树势**／中
始花期／4月中旬
成熟期／6月中旬至7月上旬
果实大小／中粒　**果实硬度**／中
甜度／高　**酸度**／中
特点／由佛罗里达州立大学于1996年培育推出的美洲授权品种。果顶形似星星，果粒聚集性好且成熟期一致，所以收获时间短。果肉甘甜稍有酸味，食味极佳。

杜珀林 *Duplin*

株型／半直立　树势／中
始花期／4月中旬
成熟期／6月中旬至7月上旬
果实大小／中粒　果实硬度／硬
甜度／中　酸度／低
特点／由北卡罗来纳州于1998年培育的新品种。在美国因其丰产且风味好而备受好评。在家中自制果酱时，如果加入这个品种，会让口感更为突出。

比乐西 *Biloxi*

株型／直立　树势／强
始花期／4月上旬
成熟期／6月中旬至7月上旬
果实大小／中粒　果实硬度／硬
甜度／高　酸度／中
特点／由密西西比州在1998年培育并推出的早熟品种，果实虽为中粒，但风味和果皮颜色甚佳，果肉紧实适合运输和贮藏。叶片小巧，上有明显锯齿。根部萌蘖性强，呈丛生状灌木。

佛罗里达蓝 *Flordablue*

株型／开张　树势／中
始花期／4月中旬
成熟期／6月下旬至7月下旬
果实大小／中粒　果实硬度／软
甜度／低　酸度／中
特点／与‘夏普蓝’一样为南高丛蓝莓的初期品种。丰产、果实略大。需适度修剪和疏果，否则会导致树体变弱。

木兰 *Magnolia*

株型／直立　树势／中
始花期／4月中旬
成熟期／7月
果实大小／中粒　果实硬度／硬
甜度／低　酸度／低
特点／分枝极易向水平方向延伸，需修剪，或设架引诱枝条向垂直方向生长。枝条呈红色，极具观赏性。果肉紧实，口感甚佳，果柄痕小，有利于贮藏和运输。

密斯梯 *Misty*

株型／直立　树势／强
始花期／4月中旬
成熟期／6月下旬至7月上旬
果实大小／中粒　果实硬度／硬
甜度／中　酸度／低
特点／常绿性品种，需冷量极低，冬季开始萌芽，花芽较多，需适度修剪，否则会导致树势变弱。果实为中粒，口感甚佳，是南高丛蓝莓中一直很受追捧的品种。

盛世 *Millennia*

株型／开张　树势／强
始花期／4月上旬
成熟期／6月中旬至7月上旬
果实大小／中粒　果实硬度／硬
甜度／中　酸度／中
特点／由佛罗里达州开发培育，2001年推出的美洲授权品种，为‘FL85-69’与‘奥尼尔’的杂交种。果皮显亮蓝色，采摘后果柄痕状态良好，口感柔和。高产、稳产，但需适当修剪。

维口 *Weymouth*

株型／开张　树势／中
始花期／4月中旬
成熟期／6月中下旬
果实大小／中粒　果实硬度／中
甜度／低　酸度／中
特点／北高丛蓝莓代表性早熟品种，即使采摘稍早，口感也不会偏酸。花芽生长发育早，花朵犹如白色铃铛，十分可爱，秋季红叶艳丽，不仅可以收获果实，四季的观赏性也很高。

伊丽莎白 *Elizabeth*

株型／半开张　树势／强
始花期／4月下旬
成熟期／6月下旬至7月上旬
果实大小／中粒　果实硬度／硬
甜度／中　酸度／高
特点／由美国蓝莓种植者W · 伊丽莎白于1966年选育推出。长势强，幼苗阶段就能长出很大的叶片。不可过早采摘，完全成熟的果实才会口感甘甜、香气芬芳。

满天星

株型／半开张　树势／强
始花期／4月下旬
成熟期／7月
果实大小／中至大粒　果实硬度／硬
甜度／高　酸度／高
特点／由日本选育，于1998年进行的种苗登记的品种。适当修剪可以收获有嚼劲的大粒果实，果皮颇酸，所以保鲜度高、状态好时可在室温下保存1周。

考林 *Collins*

株型／直立　树势／中
始花期／4月中旬
成熟期／6月下旬至7月上旬
果实大小／中粒　果实硬度／中
甜度／中　酸度／中
特点／由美国新泽西州选育，于1959年推出，为‘斯坦利’与‘维口’的杂交种。虽属北高丛蓝莓，但耐寒性差，容易出现隔年结果的现象。其果实甜酸度甚佳、香气诱人。

泽西 *Jersey*

株型／半开张　树势／强
始花期／4月下旬
成熟期／6月上中旬
果实大小／中粒　果实硬度／硬
甜度／中　酸度／高
特点／由美国于1928年开发出来的古老品种。有可与兔眼蓝莓匹敌的强健植株，土壤适应性极强，种植难度低。成熟期前期可能出现大粒果实，但更多的是中粒，产量非常稳定。

斯坦利 *Stanley*

株型／直立　树势／强
始花期／4月中旬
成熟期／6月中旬至7月中旬
果实大小／小至中粒　果实硬度／硬
甜度／中　酸度／中
特点／由美国于1930年推出的古老品种，是‘考林’、‘伯克利’和‘赫伯特’等品种的杂交后代。果实中粒，但成熟期后期果实会变小。果肉硬度较高，香气清爽迷人。

斯巴坦 *Spartan*

株型／直立　树势／强
始花期／4月中旬
成熟期／6月中下旬
果实大小／大粒　果实硬度／软
甜度／中　酸度／中
特点／果粒极大，虽然果肉柔软，但果粒聚集性好。若要想收获优质果实，需要用泥炭调节土壤pH，培垄灌水等土壤管理措施也是必不可少的。

达柔 *Darrow*

株型／开张　树势／中
始花期／4月中旬
成熟期／7月
果实大小／大粒　果实硬度／中
甜度／中　酸度／中
特点／果实大粒，聚集性好。能结出被称为"蓝莓王"的巨大果实，在强壮的分枝顶端容易结出大果。和硕大的果实相比叶子就小得多，所以该品种很好识别。其果柄痕大，容易出水，所以不易保存。

伯克利 *Berkeley*

株型／开张　树势／强
始花期／4月下旬
成熟期／6月下旬至7月上旬
果实大小／中至大粒　果实硬度／中
甜度／中　酸度／低
特点／可以结出粒大香甜的果实。树枝较硬，即使果穗沉也不会压弯枝条，外观极好。生长迅速，分蘖生长势一致，便于树体修形，也十分容易种植，是北高丛蓝莓的代表性品种之一。

赫伯特 *Herbert*

株型／开张　树势／强
始花期／4月下旬
成熟期／7月
果实大小／中粒　果实硬度／软
甜度／中　酸度／中
特点／由美国新泽西州于1952年推出。果肉柔软，果皮薄、果粉少，所以果皮十分光滑，但不易保存，常被用于采摘园和家庭种植。

爱国者 *Patriot*

株型／直立　树势／强
始花期／4月中旬
成熟期／6月下旬至7月上旬
果实大小／大粒　果实硬度／中
甜度／中　酸度／多
特点／长势强，可以稳定地结出大粒果实。果实初期呈扁平状，口味甚佳。可以适应各类土壤，耐寒性极强，有记录显示可以忍受−29℃的低温。

蓝丰 *Bluecrop*

株型／半开张　树势／中
始花期／4月下旬
成熟期／6月下旬至7月下旬
果实大小／中至大粒　果实硬度／中
甜度／低　酸度／低
特点／北高丛蓝莓的代表品种之一，被认定为世界标准蓝莓品种。虽然含糖、含酸量少，但甜酸平衡度好，耐寒性尤佳，可以适应各类土壤，极易种植，适合初学者。

奇伯瓦 *Chippewa*

株型／直立　树势／强
始花期／4月下旬
成熟期／6月下旬至7月上旬
果实大小／小至中粒　果实硬度／硬
甜度／中　酸度／低
特点／由美国明尼苏达大学于1996年培育。因其耐寒性极佳、丰产，果肉甜味容易留存，所以该品种在寒冷地带备受青睐，而且其对高温多湿性气候也有一定耐性，是生命力很强的品种。

北陆 *Northland*

株型／开张　树势／强
始花期／4月中旬
成熟期／6月中旬至下旬
果实大小／小至中粒　果实硬度／软
甜度／中　酸度／中
特点／长势强，分枝长，新梢韧性强，所以树体容易呈现开张型。耐寒性和丰产性俱佳，果实小而圆，果柄痕浅，容易贮藏。

友谊 *Friendship*

株型／直立　树势／强
始花期／4月中旬
成熟期／7月中至下旬
果实大小／小粒　果实硬度／软
甜度／中　酸度／中
特点／由美国威斯康星州麦迪逊市自然生长的北高丛蓝莓通过自然授粉培育的新品种。耐寒性强，果实粒小，香气似肉桂，丰产，果皮软，常用于加工。

乌达德 *Woodard*

株型／开张　树势／强
始花期／4月下旬
成熟期／7月中旬至8月中旬
果实大小／中粒
果实硬度／中
甜度／中　酸度／多
特点／与‘提芙兰’、‘乡铃’并称“兔眼蓝莓三品种”，自花坐果率极低，所以授粉时要特别仔细。成熟初期果粒较大，后期变小，果穗松散。

奥克拉卡 *Ochlockonee*

株型／直立　树势／强
始花期／4月下旬
成熟期／8月上旬至9月上旬
果实大小／中至大粒
果实硬度／硬
甜度／中　酸度／中
特点／‘提芙兰’与‘门梯’的杂交种，由美国佐治亚州选育，于2002年推出的美国授权品种。比提芙兰颗粒大、聚集性强、产量高。自花坐果率低，授粉时要特别仔细。

葛洛莉雅 *Gloria*

株型／半开张　树势／强
始花期／4月下旬
成熟期／7月下旬至8月中旬
果实大小／中至大粒
果实硬度／硬
甜度／多　酸度／中
特点／果肉厚，果皮显亮蓝色。果粒中至大粒，虽然产量少，但在采摘初期酸味轻，果肉甘甜。因口感极佳，在兔眼蓝莓中评价甚好。比‘提芙兰’、‘乡铃’成熟早，种植简单。

贵蓝 *Nobilis*

株型／直立　树势／强
始花期／4月下旬
成熟期／7月下旬至8月下旬
果实大小／中粒
果实硬度／中
甜度／高　酸度／高
特点／甜酸可口，口感极佳。兔眼蓝莓种植户对其评价极高，在夏季时令水果中占据重要位置。幼苗时期容易徒长，所以等成年后再开始修剪整形。

提芙兰　*Tifblue*

株型／直立　树势／强
始花期／4月下旬
成熟期／7月下旬至9月上旬
果实大小／小粒
果实硬度／硬
甜度／高　酸度／高
特点／在兔眼蓝莓系列中，做品种改良时经常使用此品种。甜酸适中，综合评价高。果柄痕浅，果肉硬，便于保存，降水或完全成熟后，可能会出现轻微裂果现象。

芭尔德温　*Baldwin*

株型／半开张　树势／中
始花期／4月下旬
成熟期／7月下旬至8月下旬
果实大小／中粒
果实硬度／中
甜度／中　酸度／中
特点／为抗病性强、坐果率高的丰产品种。顶端具强壮的分枝，侧端也会出现花芽。果穗似葡萄微微下垂，十分赏心悦目。果实未成熟前为粉红色，十分美丽。

灿烂　*Brightwell*

株型／直立　树势／中
始花期／4月下旬
成熟期／7月下旬至8月下旬
果实大小／中粒　果实硬度／中
甜度／高　酸度／高
特点／以‘提芙兰’为亲本，美国佐治亚州于1981年选育而成。果实采摘容易，果柄痕浅，容易干，而且果皮硬，便于保存，非常适合夏季鲜食。

乡铃　*Homebell*

株型／半开张　树势／强
始花期／4月下旬
成熟期／6月下旬至7月上旬
果实大小／中粒　果实硬度／硬
甜度／中等　酸度／高
特点／著名的“兔眼蓝莓三品种”之一，土壤适应性广，易种植，所以在采摘园快速被推广开来。果实粒小，在完全成熟前采摘也香甜可口。树势强健，是扦插、嫁接用砧木的佳选。

亚德全　*Yadkin*

株型／半开张　树势／中
始花期／4月下旬
成熟期／8月中旬至9月上旬
果实大小／中至大粒　果实硬度／中
甜度／中　酸度／中
特点／美国北卡罗来纳大学选育，1997年推出的新品种。香气甚佳，被评为兔眼蓝莓中“香气最迷人”的品种，口感也很不错。另外，在完全成熟前，果实为红色，十分漂亮。

第3章
蓝莓12月栽培管理

种植适期

蓝莓种植一般从种苗开始。可以从园艺商店购买种苗，家中已经种植蓝莓的读者，也可以采用扦插繁殖。

种植蓝莓一年中最适时期有2个，一是花和叶展开前的3月中旬至4月上旬，二是在采摘后植株进入休眠状态、开始贮存营养的9月中旬至10月中旬。但是，东北地区或高地等寒冷地带，冬季的低温会造成根部受寒从而导致植株枯萎，如果种植的品种耐寒性不强，应在春季定植，以提高成活率。

刚定植的蓝莓

种苗的选择

1. **选择具有品种标识的种苗。**种出好吃蓝莓的第一步，就是一定要选择标明品种的种苗。很多商店出售未标明品种的盆栽种苗，最好向店员询问清楚，如果无法得知具体品种，应慎重购买，否则影响后期管理方法、授粉树选择等。

2. **在同一系列内选择2个品种。**蓝莓一般需要不同品种间相互授粉才能保证坐果率。但是，如果用不同类型的蓝莓品种，如高丛蓝莓与兔眼蓝莓杂交，基本不会结果。所以一定要从同一系列中选择2个品种。

3. **选择健壮种苗。**首先，要观察叶片的颜色和数量，选择叶子全部深绿色且数量多的种苗；其次，要观察种苗根系是否发达，触碰根系，确认根系是否能很好地聚集土壤。叶片泛黄变色、根系不发达的种苗，可能存在生理障碍或病虫害。

4. 家庭种植蓝莓推荐选种三年生苗。蓝莓种苗一般分一年生、二年生、三年生，价格也相应从低到高。二年生苗（如果可能请选择三年生）因到了养护期，花和果实都需要修剪，所以家庭种植蓝莓推荐价格稍高的三年生种苗，这样当年就可以收获果实。另外，大种苗根部已经生长完好，有利于栽培管理。

● **苗木的种类**

二年生种苗，价格较为便宜

超过三年的种苗，价格稍高，种植当年可以结果

物品准备

蓝莓须在强酸性土壤中才能生长良好。北高丛蓝莓最适土壤pH为4.3 ～ 4.8，南高丛蓝莓和兔眼蓝莓最适土壤pH为4.3 ～ 5.3。所以一般选择酸性土壤鹿沼土，并用泥炭调节。另外，基肥推荐选择IB化肥（包膜缓效肥料）。根据不同情况，还可以准备降低pH的硫酸铵和补充微量元素的螯合铁。

● 物品准备

①平盆、移栽铲、枝剪，②泥炭，中型水桶，③花盆，④鹿沼土（中粒），⑤鹿沼土（大粒），⑥IB化肥（包膜缓效肥料），⑦种苗（根据种苗大小和移栽土壤环境准备硫酸铵和螯合铁）

● 土壤配置方法

1 将鹿沼土（中粒）和泥炭按1：1混合倒入平盆

2 加入充足的水，混合均匀

3 根据种苗年龄混合基肥（IB化肥）（施肥量见40页）

4 用手紧握，土壤能基本聚在一起的湿度就可以了。吸水后的泥炭会膨胀1倍

盆栽特点

盆栽蓝莓

盆栽的好处在于可以随时移动花盆，便于管理。但因土壤较少，容易缺水，应勤浇水，也可以安装自动浇水装置或使用液肥，管理比较方便。因此果园近年来都采用盆栽的方法（见93页）。另外，盆栽可以限制根系无节制生长，有效抑制了抽枝（新梢）和分蘖（从地表出来的新梢）生长，方便打理树形，减少修剪。

花盆选择

花盆材质有很多，一般选塑料盆、陶盆、木盆。这三类盆各有所长，推荐结实且轻便、移动方便的塑料盆。但是塑料花盆的透气性和排水性差，需要在花盆上开几个小孔。

栽培管理

蓝莓喜排水性好的土壤，但又不耐旱，因此盆栽时要勤浇水。7 ～ 8月每天早、晚各浇水1次。另外，因气温和日照的原因，地表温度容易浮动，夏季和冬季有必要将蓝莓移到窗下。另外，经过多年栽培，盆中老根会越来越多，引起根系相互缠绕，所以最好3 ～ 4年移栽1次。

● 盆栽种植方法

1 准备二年生苗和移栽用塑料花盆。花盆要选择有缝隙的

2 盆底用鹿沼土（大粒）覆盖一层，考虑到排水性，覆盖到刚好能看到缝隙的高度（图示）

3 在鹿沼土（大粒）之上覆盖事先准备好的土壤（见32页），手握花盆用盆底轻磕地面，将盆中土弄平

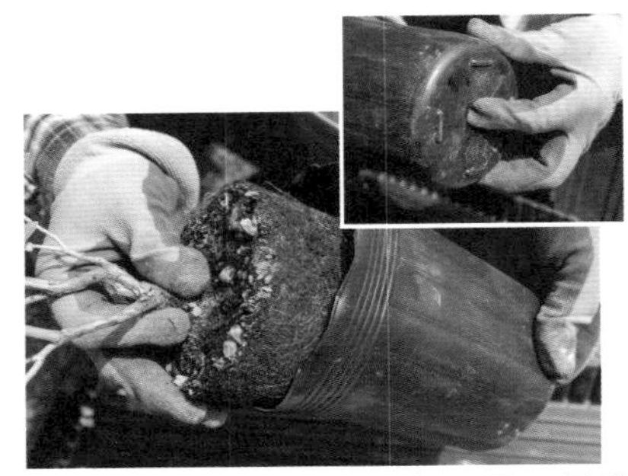

4 将种苗连土取出，最好是用一根手指伸进盆底的孔中将苗木向上顶，同时用另一只手将种苗拔出

5 种苗根系会缠在一起，要将它们打散解开，之后再垂直立于盆中

6 用准备好的种植土盖住种苗根部，并用手压实土壤

7 再放入泥炭，用手压实。留出2～3厘米的浇水空间

10 想要种好蓝莓，就要勤浇水，不仅是浸湿土层表面，还要将整盆土壤浇透

8 剪除发育不良的枝条（上）和徒长的枝条（左）

9 浇足水。浇至水从盆底流出为止

【不要忘记疏除花序】

为了让植株顺利成长，要等到第三年（最好第四年）再收获蓝莓。所以，一、二年生苗一定要疏除花序。

庭院种植特点

因蓝莓根部可以自由生长，所以很容易抽出新梢和分蘖，要认真地进行修剪工作；可减少浇水次数，不需要移栽，但要控制好地表温度，做好病虫害防治。

● 庭院种植方法

种植位置的选择

和盆栽不同，庭院栽培蓝莓植株不易移动，所以一开始选择种在哪里非常重要。

首先，要选择光照良好的地方，特别是为了让蓝莓能在上午进行光合作用，植株的东侧和南侧不应该有遮挡物。之后，还要考虑植株的树冠和根系的生长空间，植株之间要间隔足够距离（株距150～250厘米），特别是兔眼蓝莓株距要保持200厘米以上。

其次，要考虑土壤。蓝莓喜强酸性、沙质、排水性良好的土壤。一般选择排水性良好的酸性土壤种植蓝莓。由阔叶树堆积而成的褐色森林土、水田中常用的低地土、旱田中常见的赤黄色土，透气性和排水性稍差，要经过土壤改良、培垄才可种植，需要花些时间。

庭院种植方法

选好种植位置后，要先挖种植穴。一般选择平栽，考虑到根的生长空间，基本要挖直径50～60厘米的穴。二年生苗的种植穴深度需30厘米才能盖住根部（三年生苗的种植穴深度需40～50厘米）。和盆栽相同，穴底要覆盖大粒鹿沼土，根部周围用土壤（配置方法见32页）填充，最后在地表覆盖泥炭保护根系。

● 庭院种植方法

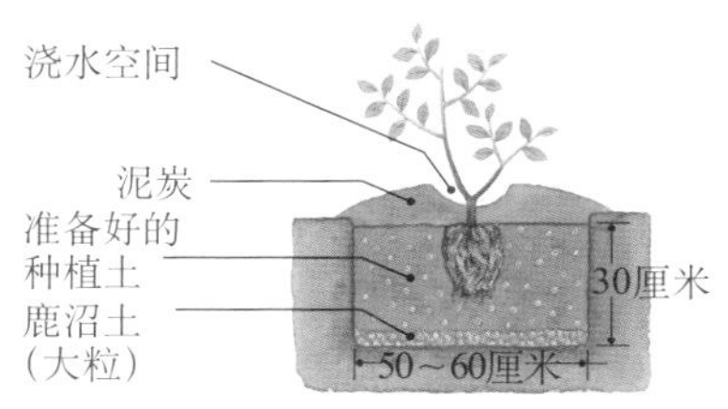

平栽/穴深30厘米（直径50～60厘米），将根部全部放入种植穴中（二年生种苗）

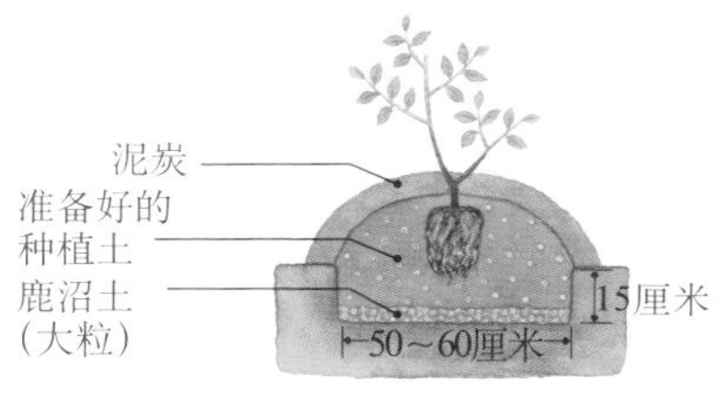

浅栽/穴深15厘米（直径50～60厘米），地面用准备好的种植土堆起垄覆盖

前面的通常采用平栽，里面的培垄浅栽。株距150～250厘米为宜

但是，当只能用排水性不好的土壤时，不仅要培垄还要浅栽。种植穴的深度15厘米即可，露出地面的根部用准备好的种植土（见32页）和泥炭起堆覆盖，植株间用挖穴时挖出来的庭院土培垄。这样即使排水性很差的土壤也可种植蓝莓。

详细的平栽和浅栽方法见38～39页。

栽培管理

不必像盆栽那样勤浇水，但土壤一旦干了一定要浇水。特别是培垄的植株，注意一定不要缺水。此外，在冬、夏两季要控制地表温度，可采用稻草和碎树皮等覆盖地面。虽然不用移栽，但也要注意保护根系，防止金龟子幼虫啃食。

● 平栽方法

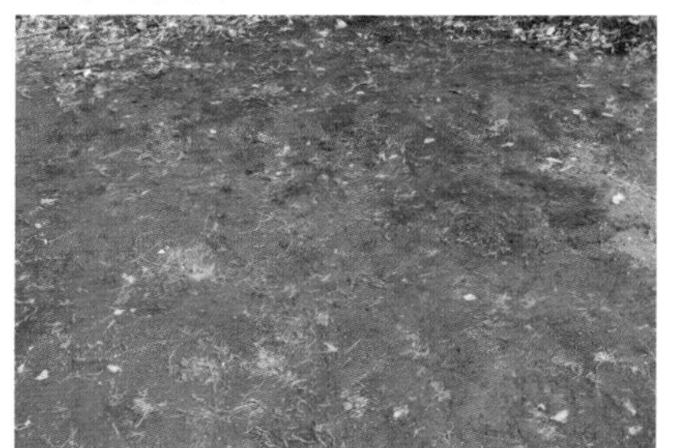

1 拔除种植地周围杂草。苗木间距150 ~ 250厘米，9米^{2}以上种植4株为宜

2 垂直开穴，穴底铺满鹿沼土(大粒)

3 在鹿沼土上填入准备好的种植土(见32页)，用铲子弄平

4 从盆中取出种苗垂直立在穴中，周围填入准备好的种植土。将根部埋好，浇足水

5 将泥炭覆盖在苗周围，并用手压实

6 在泥炭上方浇水

7 再覆盖泥炭，以能盖住根部为宜

8 在种苗根部泥炭上整理出一个凹槽

9 将足量的水浇入浅穴，水很快下渗说明定植成功

浅栽的方法

1 按照平栽的方法完成步骤1和2，将准备好的种植土填入至种植穴容量的八九成，再将苗木垂直放入

2 用准备好的种植土起堆盖住根部，在上面铺上泥炭。植株间用挖出来的土培垄

3 在植株附近做出凹槽，浇入足量水。再用泥炭堆平，等水渗入后就完成了

蓝莓12月栽培管理月历

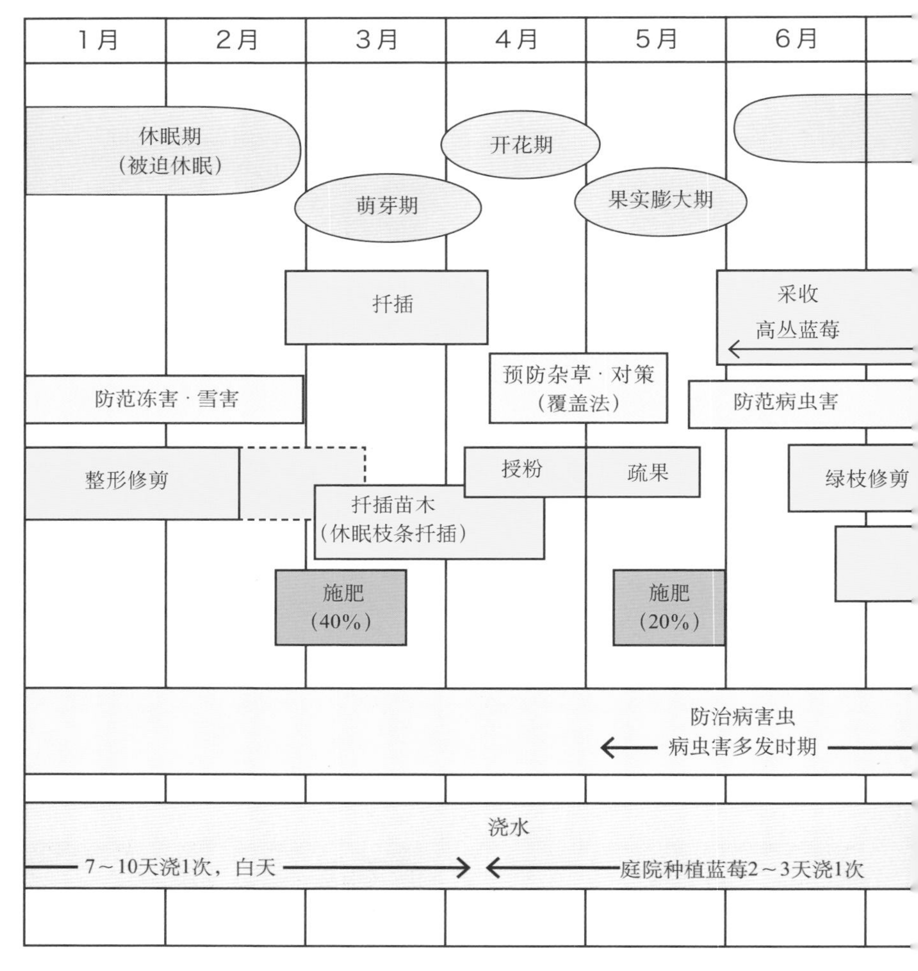

注：以平原地带为标准。

在降雪较多的地区，要等到不再降雪时再进行定干修剪。

施肥量按一年10克来计算的比例。庭院种植的4～5年生植株每株氮（N）肥用量以15克为宜（10-10-10的化肥150克），2～3年生苗木氮肥用量10克，8年以上苗木氮肥用量为20克。根据花盆大小不同，盆栽施肥量一般为庭院栽培施肥量的1/4～1/3。

一次浇水量，2～3年生每株0.3～0.6升，4～5年生每株0.7～1升，8年生以上植株每株1.5～2升为宜。如果早、晚各浇水1次，总量为上述用量。

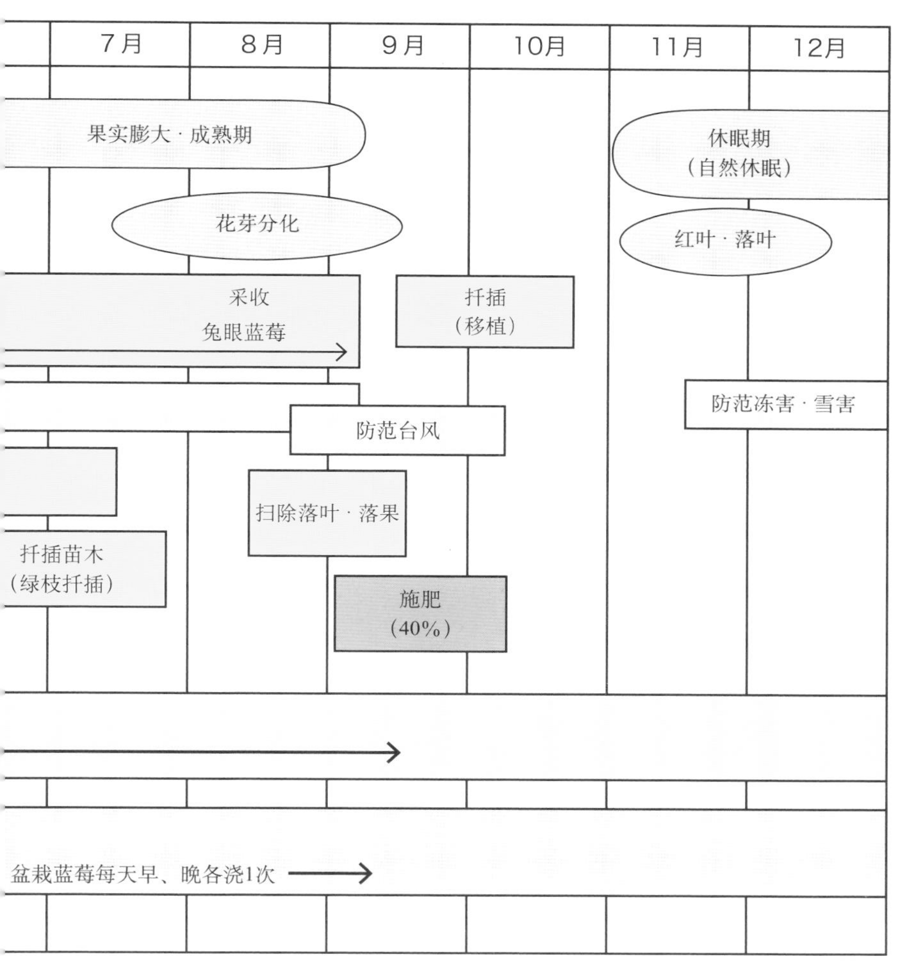
7月
8月
9月
10月
11月
12月
果实膨大·成熟期
休眠期
（自然休眠）
花芽分化
红叶·落叶
采收
免眼蓝莓
扦插
（移植）
防范冻害·雪害
防范台风
扫除落叶·落果
扦插苗木
（绿枝扦插）
施肥
（40%）
盆栽蓝莓每天早、晚各浇1次

1月

叶子全部掉落，树液不怎么流动的时期。适合修剪树形，这个时期剪掉粗壮的枝条，对树的伤害也能降到最低。在降雪的地区，要等到不再降雪的三月才能修剪。

寒冬的蓝莓（图为兔眼蓝莓中的提芙兰)，叶片完全掉落，正是适合修剪的时期

修剪前茎基部枝条拥挤，新枝为绿色

休眠期的修剪（树龄4年以上）

在休眠期，植株主要依靠春季贮存的养分生长，因树液流动较少，即使剪掉粗壮的树枝也不会影响到树体本身，是非常适合修剪的时期。庭院种植一般留4条基生枝。按照下述顺序，从粗枝开始修剪，再到细枝，可使修剪更有效率。另外，如果还有未落的叶子，树液流动过多，切掉粗枝会对植株造成损伤，所以要等到叶子完全掉落后再进行修剪。

1. 剪除5年以上的老枝。4年间结过果的老枝很难再结出大果，应使用锯或修枝剪从基部疏除。

● 定干修剪的四主枝样式

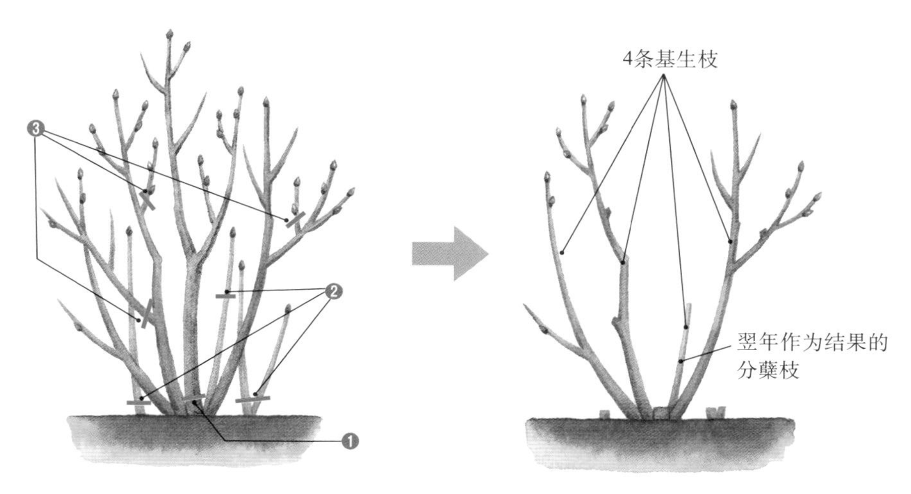

❶为超过5年的老枝；❷为除第二年用于结果的枝条外的分蘖；❸为斜生枝和轮生枝，按顺序剪掉

最终定干的4条1～4年生基生枝，超过5年的基生枝要疏除，再用新枝代替

2. 分蘖留下1个枝条，修剪到腰的高度。由地下茎长出的分蘖，只需要留下1个分櫱枝用于第二年结果，其余分蘖从基部疏除。留下的枝条短截到腰部的高度为宜，修剪位置在外侧叶芽上方，好让新梢向外伸展。

3. 向外侧引导基生枝生长。如果基生枝向内侧生长，树冠易郁蔽。因此，4个基生枝要在一定程度向外伸展，向内侧生长的基生枝需要用绳和支架诱导其向外生长。

4. 疏除斜生枝和轮生枝。基生枝上平行生长的斜生枝，不论如何只能留下1个。另外，从一个位置长出的放射状轮生枝，只留下1～2条长得健壮的枝条即可。

5. 花芽的修剪。在花芽数量一半（叶芽数量1/3）处，剪掉枝条的前端。也可以在花芽发育膨大的2月进行这项工作，这样容易区分花芽和叶芽。

● 修剪顺序

1 超过5年的老枝很难再结出大果，要从基部疏除

3 留下4条主枝。如果向内侧倾斜，可用绳和支架诱导其向外生长

2 除留下作为主枝的1条分蘖枝外，其余分蘖枝从基部疏除。留下的基生枝短截到腰部高度，从向外侧生长的叶芽上方切断

4 同一枝条平行生长的斜生枝，要疏除留1个。从一个位置长出3个以上的轮生枝，只留其中1～2根

5 最后检查留下枝条上的花芽，为防止过度结果造成植株衰弱，花芽只留一半（叶芽要留1/3）

● 花芽和叶芽的萌发与生长

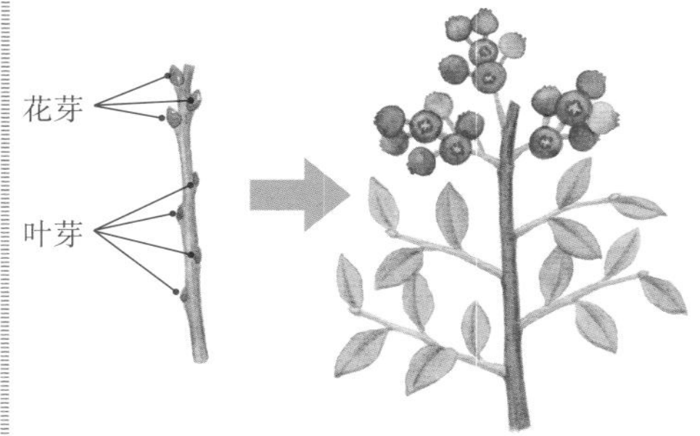

留下来的花芽会开花结果，而叶芽则会抽出新梢

枝条横断面

从左往右，分别是5年生枝条，3 ~ 4年生枝条，1 ~ 2年生枝条。年数越久，断面越会呈现白色的木质化。木质化的枝条很难结出大果，所以要果断剪掉老枝

● 2 ~ 3年生树的修剪

蓝莓第2～3年，树体就会长大，如剪掉有花芽的枝条就不会开花，但如果过多又会导致树势衰弱，因此如果想让第3年的蓝莓树结果，最好只留10 ~ 20个果

病虫害信息

在气温较低时，不必担心病虫害问题。但是发现以茧过冬的蓑蛾要及时捕杀。

浇水

蓝莓的叶片含水量为90%，果实含水量为85%，枝条含水量为70%。水分不足会导致叶片的蒸腾作用下降，抑制其呼吸作用，光合作用也无法正常运行，从而导致叶片和果实枯萎、脱落，生长点枯死等，对植株整体生长和果实发育成形有极大影响。

蓝莓根系浅，喜排水性好的土壤，所以要勤浇水。冬季发现土壤干燥后，要趁着白天气温高时浇水。1月植株进入休眠期根系活力降低，每10天浇1次水即可。

2月

严冬持续，蓝莓树体活力下降，但温暖地区二月中旬根系开始活动。修剪要在二月上旬前完成，根部开始活动后可以移栽

休眠期的修剪

如果1月没有进行修剪，2月也可以进行。有些地区从2月中旬起，根系开始活动。因此，尽量趁2月中旬前根系还未开始吸收水分时完成所有修剪工作。

进入2月后，花芽开始膨大，和叶芽形成明显差别。如果1月没有进行花芽疏剪，可以趁这个时期进行。将花芽疏减一半，叶芽疏减1/3（一个有9个叶芽的枝条上保留花芽3个）。如果是粗枝，叶芽和花芽可按2 ： 1进行疏芽。

盆栽移植

上一年盆栽的种苗，可以在2月下旬根系开始活动后移栽到更大的盆里（见34页）。

● 盆栽移植

移植要选择温度有所回升、根系开始活动的时候进行

● 花芽和叶芽的形状

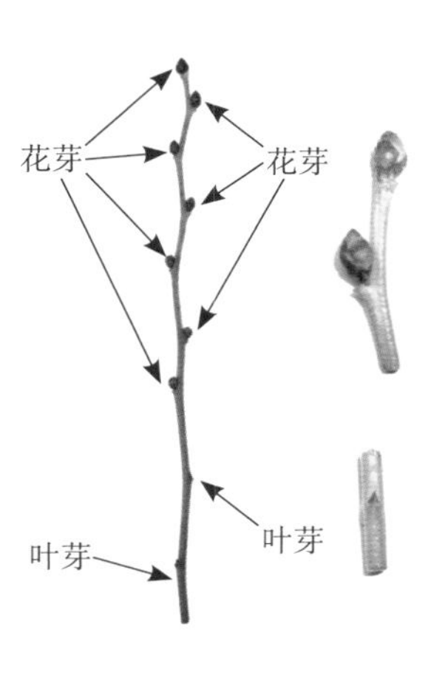

2月后花芽开始膨大，与叶芽形成明显差别

病虫害信息

2月还不是病虫害高发期，3月后，由于天气转暖，病虫害才开始出现。请参考上表，及时做好病虫害防控（参考各月“病虫害信息”）

浇水

发现土壤干燥时，每周浇1次水，在白天暖和的时间段浇水。2月下旬根系开始活动，要渐渐增加浇水的次数。

休眠枝条保存

在3月下旬根系开始活动后可以用1～2月剪取的枝条进行扦插繁殖（休眠枝条扦插）。为了保证休眠枝条的芽没有萌动，需要将其保存在冰箱里。休眠枝条必须选取第一年的幼枝（上年新抽出的新梢）。

● 主要害虫高发期

害虫		高发期
蚜虫		3～11月
蚂蚁		5～9月
刺蛾		5～10月
介壳虫		3～11月
椿象		5～10月
金龟子	成虫	6～9月
	幼虫	全年
果蝇		6～9月
瘿蚊		6～9月
红蜘蛛		3～10月
菜青虫		5～10月
蓑蛾		3～11月

● 休眠枝条保存

1 剪取第一年的幼枝，剪成适当长度，用湿报纸包好

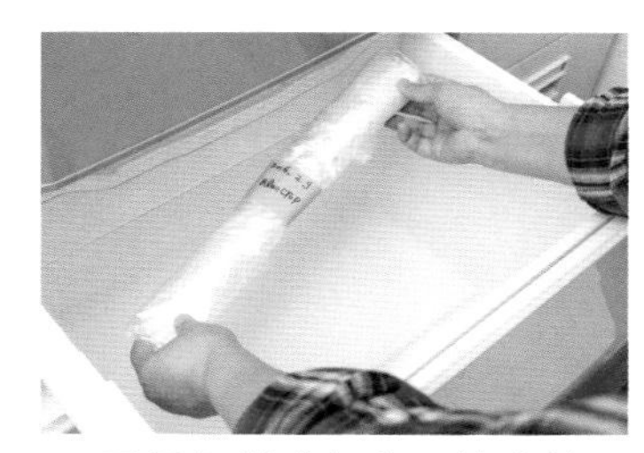

2 再用保鲜膜包住，放冰箱里保存1个月

3月

经过三寒四温，气温渐渐回暖，花芽和叶芽都开始膨大。萌芽后要施用生长所必需的肥料，以保证养分的供给。早熟品种本月下旬就会开花。

即将萌发的蓝莓花芽

施肥

萌芽后要施用枝叶生长和开花所需肥料。之后，为保证肥效持续2 ～ 3个月，主要施用IB化肥（包膜缓效肥）等缓效性肥料。庭院栽培每株施用氮素5 ～ 7克（成分比为10-10-10的肥料50 ～ 70克），在距植株基部30 ～ 40厘米处以同心圆形撒施，并覆盖薄土。盆栽大小各不相同，以1/4 ～ 1/3处撒施为宜。

病虫害信息

蚜虫、红蜘蛛、介壳虫开始出现，一经发现必须防治。使用旧牙刷将介壳虫剥落；使用粘棒（或者胶布）处理红蜘蛛和蚜虫，也可以用水冲洗枝叶将其冲走。

● 介壳虫

在枝叶上吸食汁液的介壳虫（图为5月上旬的伊犁蚧）

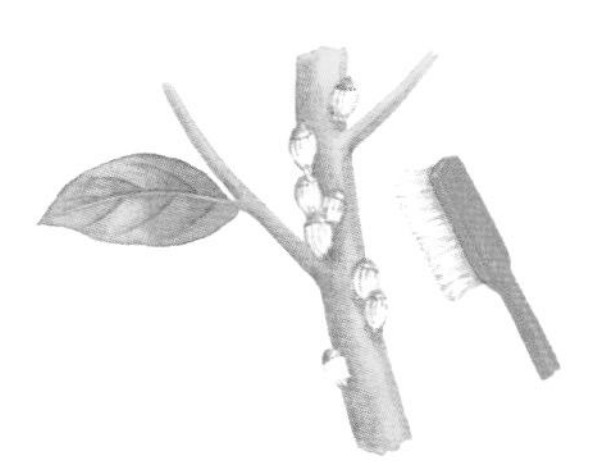

叶片展开的时候，使用旧牙刷刷掉介壳虫

● 休眠枝条扦插

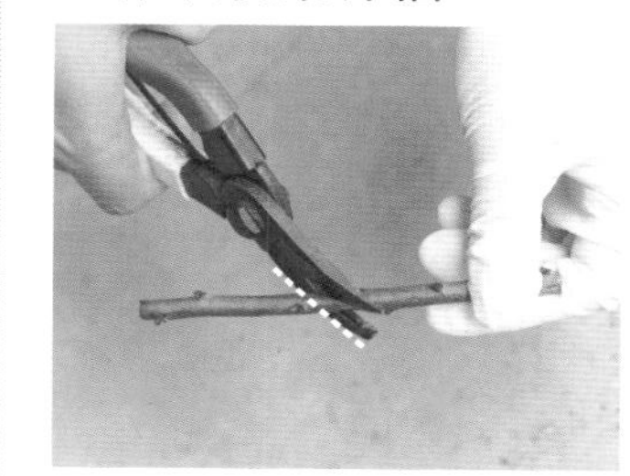

1 在叶芽上方剪切，留下4 ~ 5个叶芽，在最下方的叶芽下方斜着剪切。休眠枝条大概长10厘米

2 芽尖部分朝上，将其斜着插入4厘米。再罩上种植筐，盖上防寒纱，移至通风良好的背阴处

浇水

每周浇水1 ~ 2次，选择白天温暖的时间段浇水。但是开花后植物吸水量增加，注意保证植株不会缺水。

休眠枝条扦插

这个时期是扦插苗木的最佳时期。种植者扦插后70 ~ 80天，蓝莓根系就能完全长好。种植者需要在蓝莓苗木拥挤前，将其移栽到花盆中（见73页）。

虽然多数品种都可以扦插育苗，但是专利品种和授权品种在扦插育苗方面会受到管制，请在购买时与商店确认好。

4月

真正的春天到来了，新芽接二连三地开始萌动，迎来开花期。本月主要工作是授粉，这是确保坐果不可欠缺的工作。另外，因为气温回升，要认真做好杂草和病虫害的防治工作。

像满天星般的花序（图为兔眼蓝莓‘提芙兰’）

授粉

高丛蓝莓可以自花授粉，也可以借助虫媒授粉，如果种植量较少，种植者可以自己授粉以确保坐果率。如果不授粉，即使开花结实也不会太多。

关于授粉，高丛蓝莓要用高丛蓝莓来授粉，兔眼蓝莓要用兔眼蓝莓来授粉，这是必须遵守的规则。本书介绍的是取出雄蕊，用从花药弹出的花粉来授粉的方法，不过这个方法会花些工夫（见52页）。

杂草防治

问荆、酢浆草、看麦娘等喜酸性土壤的杂草开始生长。要连根拔除，使用地膜或稻草保护植株根部。可以使用防草布防治杂草（见57页）。

病虫害信息

金龟子幼虫是最可怕的虫害，它们在地底啃食植株根系，如果发现迟，会造成植株枯死。如生长期新芽不发育，叶片全部变黄，树枝时不时从基部摇晃，就要怀疑是不是发生金龟子的幼虫为害。

确定是金龟子的幼虫后，一种方法是将植株整株拔起，除去幼虫生存的土壤，换上新土移栽。另一种方法是在6 ～ 9月防止成虫飞来产卵。盆栽时，可采用在树体基部覆盖防虫网。

● 杂草防治

气温升高后杂草也会变得茂盛，要连根拔除杂草

用碎树皮护住树体基部抑制杂草生长。维持一定地温和干燥也对防治杂草有作用

● 金龟子

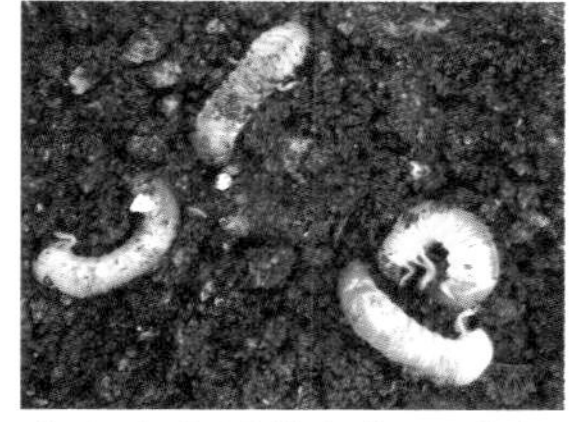

在土中生活的金龟子幼虫

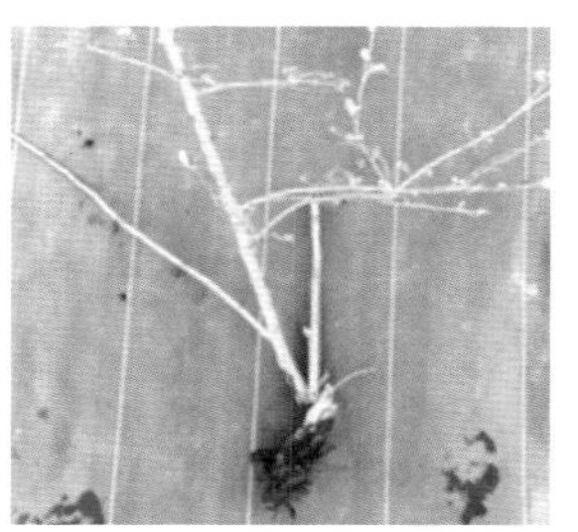

根部受到金龟子侵害的植株。因根系吸收水分减少，最好切除地上部分以休养植株

盆栽时，可用防虫网覆盖盆体，防止成虫飞来产卵

浇水

本月吸水量增加。庭院种植蓝莓需要每3 ～ 4天浇水1次；盆栽蓝莓除下雨天，每天都要浇水。

● 授粉步骤

下面介绍能提高坐果率的授粉方法。用镊子取下雄蕊，将从花药弹出的花粉用棉签取下。比53页介绍的方法更有效，操作也简单。种植量少时，推荐使用这个方法。

1 抓住花柄观察，选择雄蕊花药呈黄色或茶褐色的花朵

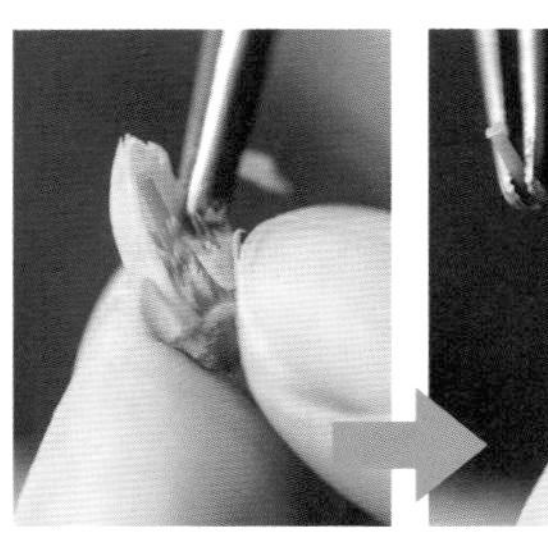

2 用镊子摘除花瓣，然后去掉正中间的雌蕊

3 用镊子取下所有雄蕊，放入小器皿中

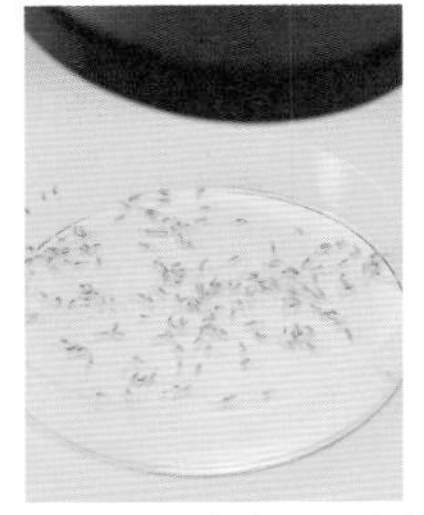
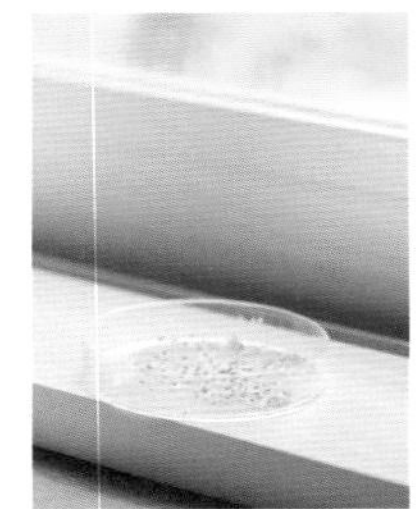

4 置于台灯下（左），晴天时放在窗边（右）照1小时直射光

5 从花药中弹出花粉（右上）。花粉全部弹出后，用棉签或棉花小心蘸取（下）

6 用沾有花粉的棉签或棉球轻轻拂过想要让其结果的另一品种的雌蕊柱头

● 简易授粉法

此法不需要什么工具，用拇指将掉落的花粉沾到雌蕊柱头上即可，注意要选择无风的日子进行该操作。

1 选择雄蕊花药呈黄色或茶褐色的花朵，用拇指指甲凑近，在花朵上轻轻敲打，花粉会落在指甲上

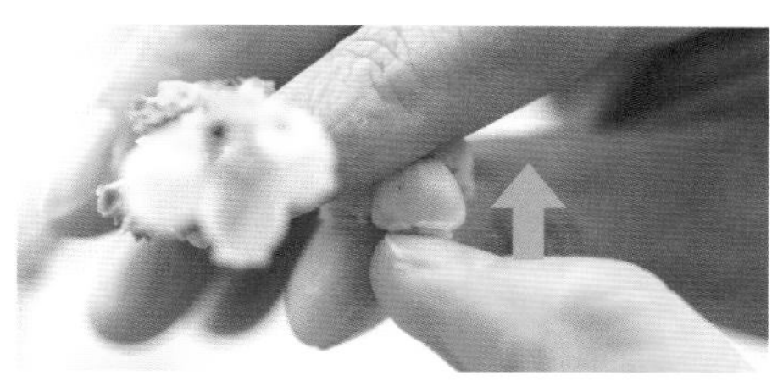

2 不要让花粉掉落，移到想要授粉的其他品种的花处，将指甲上的花粉沾到其雌蕊柱头上

● 授粉后的花朵

授粉完成的花朵，花瓣和雄蕊会脱落，仅剩雌蕊。雌蕊渐渐变成黄色或褐色，果实开始膨大。

【活跃在生产现场的蜜蜂】

设施栽培可以采用虫媒授粉。代表性授粉昆虫有熊蜂。熊蜂授粉时会用吻（用于采集花蜜和花粉的重要器官）采集花蜜，熊蜂的吻比蜜蜂要长，可以更有效地采集吊钟状蓝莓花朵的花蜜。同时，熊蜂在采集花蜜时，碰触花朵使花粉落在其绒毛上，能很有效地进行授粉。

熊蜂有许多品种，擅长采集不同植物的花蜜。因本土品种经常出现在普通家庭的庭院中，建议选用。

授粉用的熊蜂（上），蜂巢使用纸箱子（下）。只在有网覆盖的设施栽培中才能使用

5月

本月茎叶生长茂盛，如果受精顺利，开始坐果膨大。果实太多会造成发育障碍等问题，所以需要疏果。另外，生理性病害的信号会反应到茎叶上，需要认真检查。

授粉后子房开始膨大，30 ～ 40天就可长出青色的果实。要留出适度生长空间，所以需要疏果

生理性病害的检查

1. 黄化病症状。最容易发生的是叶色褪绿变黄的黄化病。发生黄化病首先要考虑是否由缺铁或缺锰引起。土壤pH过高时，土壤中的铁和锰不能被充分吸收，容易引起黄化病。随着症状发展，整株叶片全体变黄，无法进行光合作用。

此时应将植株根部挖出，在根周围撒上泥炭，再重新种上，每株追施硫酸铵10 ～ 20克，可降低土壤pH。

2. 花青素沉淀。花青素沉淀可能导致叶片变紫等症状。主要是由夜间气温下降、植株受寒引起的。如果受到反季寒流伤害，一夜间叶片就会变紫。不过叶片会渐渐变回绿色，所以不用过于担心。

病虫害信息

5 ～ 10月菜青虫虫害频发，多半是由于夜行蛾在新芽上产卵引起的。幼虫会将叶片卷起做巢，躲在其中啃食叶片。幼虫偏好柔软的茎叶，所以新梢的顶端很容易受害，可能引起枝条停止生长发育。因幼虫藏于卷着的叶片中，应从叶片上方挤压，将幼虫从中取出并杀死。

施肥

随着果实膨大，5月下旬开始施肥。施用速效性化肥，庭院种植蓝莓每株施氮素2 ～ 3克（成分比10-10-10，20 ～ 30克），离植株基部30 ～ 40厘米范围以同心圆形撒施，并覆土。盆栽要在1/4 ～ 1/3处撒施为宜。

● 主要生理性病害

因缺铁或缺锰造成的叶绿素减少、叶子变黄

受反季寒流影响，叶片上出现花青素

● 硫铵

硫安是代表性氮肥硫酸铵的俗称。氮素含量21%

● 菜青虫

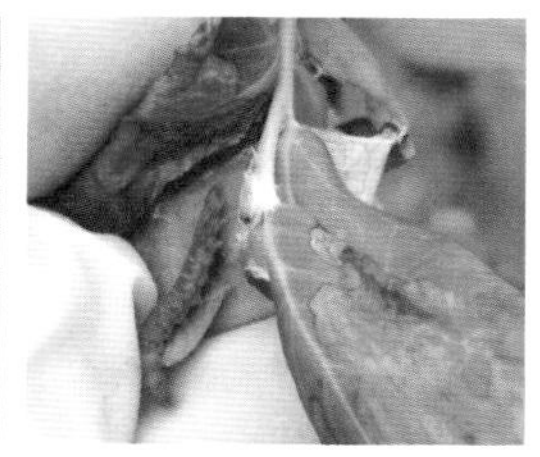

菜青虫吐丝将叶片卷起并潜藏其中（左），啃食叶片和新梢；叶片中藏有幼虫（右），一经发现要立即捕杀

浇水

庭院种植蓝莓每2 ～ 3天浇水1次，盆栽除下雨天每天都要浇水。

疏果

一个花序平均坐果10个。如果这样放任其自由生长，果实会相互挤压，所以要适当疏果。另外，要去掉生长慢的果子。在生产果园冬季修剪时，需进行摘芽以调整果实数量。家庭种蓝莓植推荐等到果实长出后再调整，这样操作方便简易。一个花序留4 ～ 5个果即可。

杂草防治

这个季节杂草生长十分茂盛。庭院种植时，要注意在垄间铺设防草布。为了防止雨水溅泥或引起病症，最好在梅雨季节开始前进行。

● **疏果**

蓝莓多数是一个花序生产果实10个左右。为保证果实不互相挤压，所以需要疏果

疏果不要伤害到花序，从果柄基部疏除

防草布的铺设方法

1 铺平防草布，剪成正好适合垄的大小

2 将剪好的防草布对齐地面打开铺平

3 横着盖好后再竖着盖

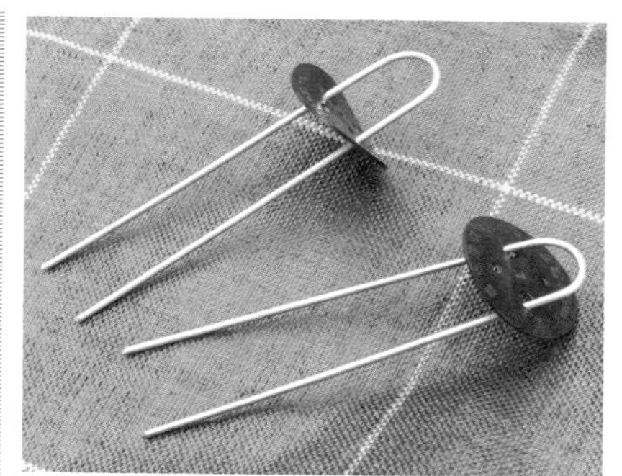

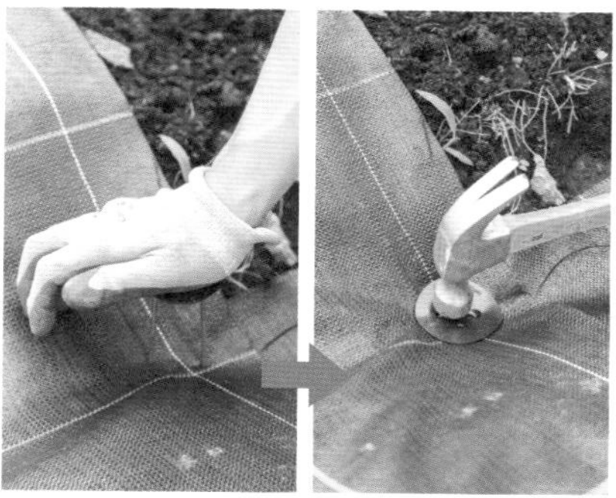

4 使用U形钉将防草布压下。先用手轻轻压下，再用斧子将钉子埋入土中

5 每个防草布的四个角及防草布交叉处的四个角都要压好

便利的自动浇水装置

蓝莓喜排水性良好的土壤，但同时由于其根系较浅，根无法伸入深土层，很容易引起植株缺水。因此，土壤表面一干就要浇水。秋季到冬季，蓝莓进入休眠期，浇水就不那么频繁了。但初夏到夏季，茎叶生长迅速，蒸腾作用旺盛，如果缺水很容易引起果实脱落或灼叶等生理性病害问题。

每天需要观察蓝莓植株和土壤状态来判断是否需要浇水，但也会遇到数日不在家的情况。这个时候最方便的是使用自动浇水装置。自动喷水装置作为家用器材较容易买到，一般叫作喷水器，需要装在水龙头上。胶皮管子一头连接水龙头，另一头插在植株基部旁边滴灌。

但是自动浇水装置用水较多，容易引起根部腐烂。应根据盆的尺寸来调整浇水时间。

浇水时间越长，从喷头出来的水量越多，请在使用时注意这一点。

设施栽培中的液肥滴灌装置。为了不让盆底积存多余的水分，要把花盆架在高处。下设破浪形斜板，回收从盆底流出的液肥并循环再利用

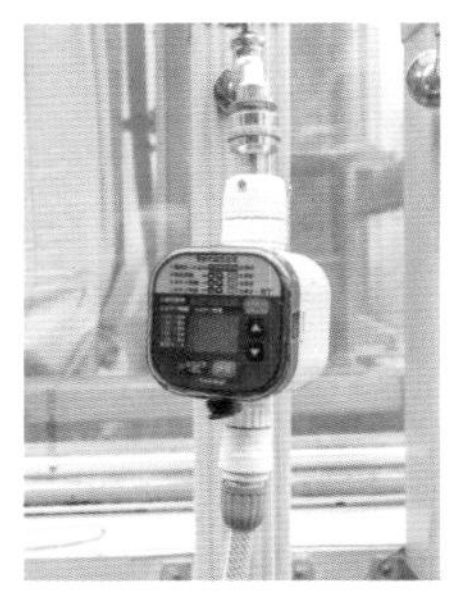

喷水装置设置在水龙头上，用胶皮管连接

胶皮管分出4个分支，用皮管连接，在植株基部插入滴灌装置

6月

6月中旬开始，高丛蓝莓将迎来采收期。采摘时保证不伤害果实，按步骤采收，可以让果实保持新鲜。成熟的果实是害虫和鸟类的目标，必须采取相应的对策。

高丛蓝莓迎来采收期（图为南高丛蓝莓品种）

采收

南高丛蓝莓、北高丛蓝莓迎来采收期。采收时要注意以下几点：

1. 采收要在上午进行。在高温条件下采收，更容易伤害到果实。要避开一天中温度最高的时候，尽量在室外温度较低的早晨到上午采收。但是，晨露容易引起果柄痕发霉，所以要在晨露完全消退后再采收。

2. 用浅容器收集蓝莓。果实叠压容易引起挤压伤，所以最好用比较浅的容器收集采下的果实。

3. 不要错过已经成熟的蓝莓。果皮整体变成深青紫色、果柄变成褐色的成熟果实最好吃。果皮变红和果柄仍是绿色的果实并没有完全成熟。

4.保留果粉。果粉是蓝莓自身为防止干旱而分泌的白色粉末。手工采收时，指尖捏住果实轻轻摘下。指尖用力过大会让果粉沾到指尖上，进而影响蓝莓的新鲜度。

● 采收方法

轻轻捏住果实，小心不要造成果柄痕损伤，干净利落地采摘下来

● 完全成熟果实的鉴别方法

果皮为红色（左）和果柄全部是绿色的果实（中）都是未熟的，果柄下方变成茶褐色（右）的果实正是采收的好时候

病虫害信息

6月依旧是蚜虫、介壳虫等虫害多发的季节。另外，在温室种植的蓝莓，高温干燥的环境容易滋生红蜘蛛。红蜘蛛会寄生在叶片内侧吸食汁液，叶片会出现白点。持续干旱的时候要特别注意。

要仔细检查叶片内侧和枝条（特别是新梢），确认是否有害虫。如果发现害虫，可采用捕杀、用水冲落（见49页）、用牙刷刷落等应对之策。

果实采收期要特别注意蚁害。蚂蚁不仅会吃蚜虫，也会吃成熟的果实，因此，不要用蚂蚁来防治蚜虫。

● 蚁害

蚂蚁啃食后的痕迹。蚂蚁不仅会吃蚜虫，也会吃果实

● 红蜘蛛

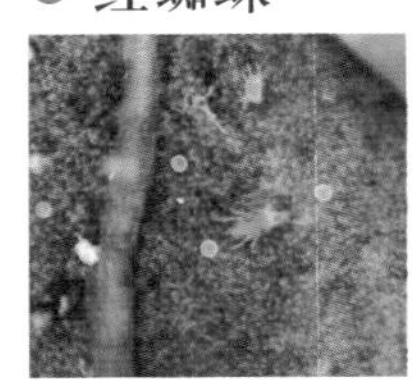

寄生在叶片内侧的红蜘蛛，吸食植物汁液

被吸食的叶子会出现白点，并逐渐枯萎

鸟害防治

栗耳短脚鹎（bēi）、灰椋（liáng）鸟和灰喜鹊会啄食成熟的果实，放任不管的话基本所有果实都会被吃掉，所以要用网眼为20～30毫米的防鸟网防治。在植株周围设架，从上方盖上防鸟网，固定好。盆栽可以考虑搬到屋内躲避鸟害，但还是架设防鸟网放在屋外阳光处比较好。在果实成长期为促进光合作用，不必在果实还是绿色时铺设防鸟网。

左上为栗耳短脚鹎，左下为灰椋鸟，右为灰喜鹊

● 鸟害防治案例

将支柱用力插进土中，保证支柱不会摇晃

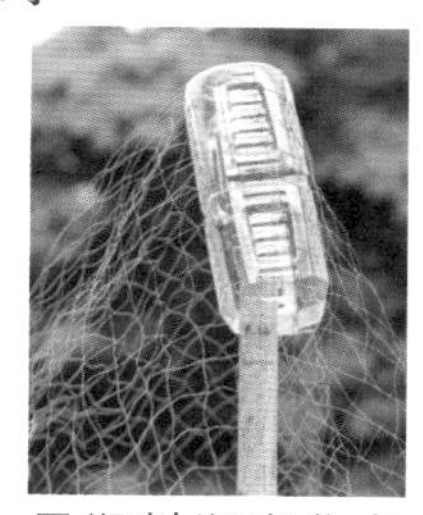

用塑料瓶套住各个支柱顶部，防止防鸟网掉下来

架设支柱，将蓝莓整个种植空间都用防鸟网盖住。在果实开始成熟时架设为宜

为了防止支柱被风吹倒，从侧面用绳子将各支柱连接起来固定好

浇水

采收期不用过多浇水，不然会导致果实掉落。浇水尽量选在早晨或傍晚进行，庭院种植蓝莓每2～3天浇水1次，盆栽蓝莓除下雨天外每天都要浇水。

绿枝修剪

春天新梢生长旺盛，这个时候枝叶十分拥挤，放任不管容易滋生病虫害，采收果实时可以同时修剪多余枝条。

1 ～ 2月的修剪主要是为了构建树形，而这个时期的修剪主要是为了让阳光透过茎叶照射到植株树冠内部。但是，兔眼蓝莓地下茎发达，分蘖繁多，整体很拥挤，所以必要时可以从基部疏除枝条。

绿枝扦插

想要增加蓝莓植株数量时，可以用剪下的新梢做扦插枝进行育苗。这与3月的休眠枝扦插（见49页）不同，被称为绿枝扦插。在剪下来的枝条中，挑选茎叶都很健壮的枝条。

● **绿枝修剪**

修剪拥挤的枝叶，让阳光能够射入树冠中，通风良好是修剪绿枝的目的

为防止枝条过于拥挤，要剪掉轮生枝

将伸展到树内侧的枝条剪掉，让阳光可以照射进树冠中

【兔眼蓝莓要修剪分蘖】

兔眼蓝莓极易抽出分蘖，过于拥挤时，要从基部疏除分蘖。

绿枝扦插

1 准备好绿枝修剪时剪下的枝条，要带2个叶片

2 为了抑制蒸腾作用，将留下来的叶片剪去1/2

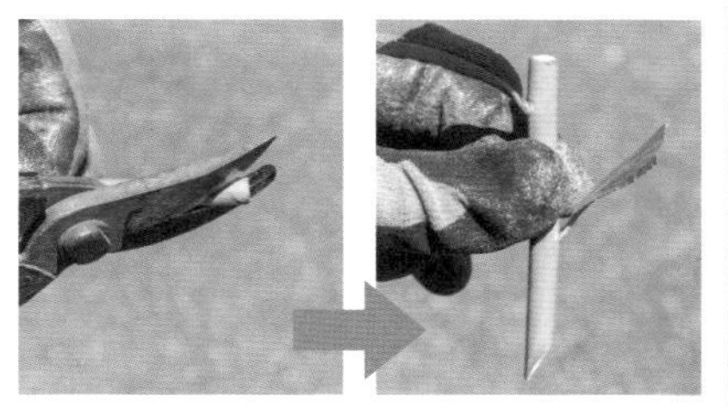

3 绿枝下方要斜切，方向平行于最下面叶子的方向

4 使用生根剂，取原液25毫升稀释成1升。溶液装入烧杯中静置6 ～ 24小时，放入准备好的种苗

5 将准备好的土装入平盆中（见32页）

6 将苗木插入土中，垂直向下插到下方叶片刚刚接触到土为宜，苗木间隔10厘米

7 将苗木放入笼箱，上面覆盖细孔防寒纱

【 扦插后管理 】

放置于阳光不能直射的阴凉处，每天早晨浇水，保持土壤不干燥。1 ～ 2个月后苗木生根，90 ～ 100天可以移栽入盆，到了10月如果还没生根，可以把盆取出留着明年春天再试试。

7月

七月中旬时兔眼蓝莓也渐渐成熟，这个月是采收的最佳时节。果实接连变色，每天都要进行采收确实很辛苦，但为了不发生病虫害，还是要尽快采收已经成熟的果实。

果穗采收时，不会产生果柄痕，保鲜时间更长（图为兔眼蓝莓‘亚德全’）

采收

高丛蓝莓仍在采收期，兔眼蓝莓从7月中下旬开始进入采收期。果实相继成熟，所以每天都要采收。如果采摘晚了，会更早出现采摘伤痕，或容易招来果蝇。

有些蓝莓品种，果穗上的果实会一起成熟，这时可以直接将果穗剪下来，称为果穗采收。因为带着果柄，所以在夏季保鲜时间更长。另外，收获过多时，应趁着新鲜冷冻保存起来。

病虫害信息

这个季节金龟子成虫经常出现。金龟子是体长2～3厘米的甲虫，成虫会啃食叶片（特别是新梢顶端）。因金龟子喜未腐熟的有机物，覆盖在植株基部的稻草或树皮的木屑开始分解后要替换新的。要清除那些可能成为金龟子窝的杂草，一旦发现成虫立即捕杀。

这个季节还容易引来以熟透了的果实为目标的果蝇和以新芽为目标的瘿蚊。采收期松软的果实和枯萎的新芽都值得注意，很可能有虫卵和幼虫（虫子）潜藏其中，要尽快处理受害部分。另外，掉落的果实由于腐烂、酒发酵会招来果蝇，所以要及时处理。

浇水

梅雨季节过后真正进入夏季，庭院种植蓝莓每2 ~ 3天浇水1次，早晚。盆栽蓝莓要每天早晚分2次浇水。

● 金龟子成虫

金龟子成虫飞来啃食叶和新梢

● 瘿蚊

瘿蚊的幼虫（左）和受害新芽（右）

● 果蝇

果实中孵化的果蝇幼虫（左）和成虫（右/黄果蝇）

蓝莓保鲜法

蓝莓的果实采收后，不怎么耐储存，即使冷藏，5天左右果肉就会变软、果皮起皱，维生素C等营养元素含量也会持续减少，所以采收后应该尽早食用。另外，采收时要注意不要让果粉脱落，从而抑制果实新鲜度下降。

蓝莓生产者装盒发货时，需要用棉棒将每个果实果柄痕处析出的汁液擦净。因为果实的伤痕大部分是由果柄痕溢出的汁液引发霉菌繁殖所致。家庭中这样处理会非常辛苦，但如果想要品尝到美味的蓝莓也可以这样做。

另外，如果采收过多果实吃不完时，推荐趁新鲜时冷冻起来。这样，营养损失就可以控制到最小，想吃，或者需要加工就可以从冰箱中取出。用流动水源清洗果实，用纸巾认真擦掉上面的水分。这时，清除软掉的果实，之后立刻装入带有密封条的保鲜袋，放入冰箱冷冻保存。

采收时一定注意要保留果粉，没有果粉的蓝莓很难保鲜

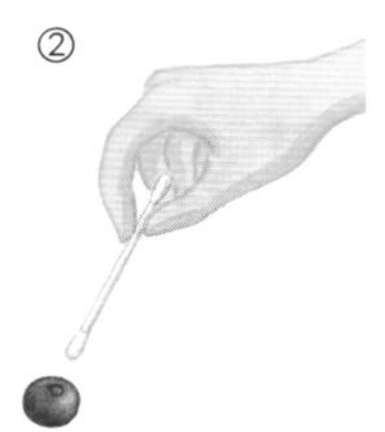

采收后，用棉棒擦净果柄痕处析出的汁液，这样可以延长保鲜时间

冷冻前将蓝莓用水清洗干净，用纸巾擦除上面的水分

收获后的蓝莓冷冻保存，即使用于加工也很方便

放入带有密封条的保鲜袋冷冻保存

8月

八月迎来兔眼蓝莓采收盛期。
本月是一年中温度最高的时期，要避免受到高温侵害，使用地面覆盖的方法或是浇水来抑制地表温度上升。

兔眼蓝莓仍在采收最适时期。成熟前果实变成红色是最大的特征之一

采收

高丛蓝莓采收期结束，但兔眼蓝莓的采收期在8月上旬达到盛期。

尽可能在气温低的上午采收，不然在炎热天气下收获的蓝莓温度会过高。采收后将果实装入浅容器中避免互相叠压，放在阴凉的地方降温。

浇水

温暖地区夏季容易引起高丛蓝莓日灼症。主要原因是缺水造成脱水，或由于空气、土壤中水的温度高，使地表温度上升引起高温危害。

为了防止上述症状发生，浇水必须在早晚温度较为凉爽的时段进行。盆栽蓝梅早晚各浇水1次，庭院种植2 ～ 3天浇水1次为宜。白天蒸腾作用旺盛，早上浇水后，蒸腾作用导致土壤中含水量下降，晚上再浇1次，早晚各1次分开进行为宜。

● 干燥的信号

徒长枝条顶端开始枯萎，然后全株开始枯萎

干燥状态持续10天的蓝莓

果实萎缩，容易掉落

越夏对策

盆栽在白天会立即上升到地表温度，所以最好移动到窗下背阴处，盆和地面保留一定空隙，这样的越夏对策是必须的。另外，同样是庭院种植，培垄种植得较浅的植株，比种植得较深的植株更容易受地表温度上升影响，可采用覆盖稻草等方法防止地表温度上升。

● 覆盖稻草

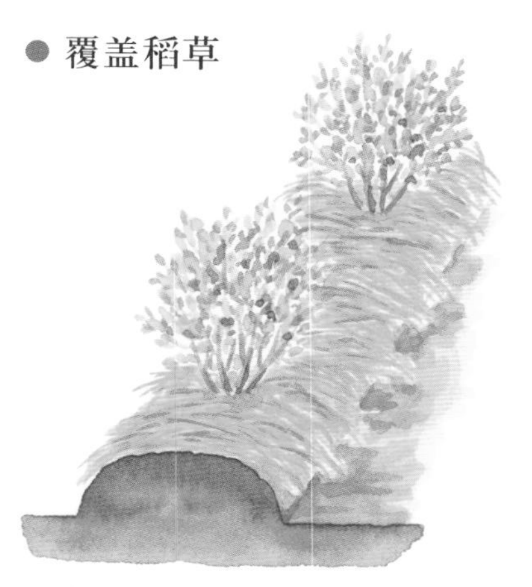

为防止地表温度上升和水分蒸发，用稻草覆盖植株基部，其隔热性十分好。也可以覆盖树皮木屑

病虫害信息

本月蚜虫个体数减少，受害情况也会好转，但仍要注意防范红蜘蛛。

另外，这个时节刺蛾幼虫常发生，不仅为害蓝莓果实，而且还为害叶片、嫩枝等部位，刺蛾幼虫有锐利的毒针，人不小心碰到会十分疼痛，且疼痛感会持续2～3天。刺蛾幼虫孵化后会在叶内侧集中爆发，幼虫会排成一排，蚕食叶片只留表皮。幼虫长大后会单独行动，蚕食形状呈圆弧状，叶片会吃的仅剩叶脉。

想要有效防除刺蛾，通常需要观察叶片内侧，将孵化后集中爆发为害的叶片摘除。幼虫长大后会蔓延到整个植株，需要用小镊子挨个捕杀。

撤除防鸟网

果实采收彻底结束后，就可以撤除防鸟网了。如果需要架设防风网防范台风（见72页），也可以留下较为粗壮、结实的支柱。

● **刺蛾**

图为叶片里寄生的1条丽绿刺蛾幼虫。在幼虫时期会集体行动，非常密集

刺蛾破茧而出后在植株基部留下的茧。发现这个现象，表明植株很有可能已经被刺蛾寄生了

● **撤除防鸟网**

收获完成后可以拆下防鸟网，但是台风多发地带，9月还需要架设防风网，所以可以留下较为粗壮、结实的支柱

8月

9月

从六月开始持续的果实采收基本在九月就要结束了。摘剩的果实和落下的树叶会腐烂，为了避免发生病虫害，要及时清理。另外，八~九月是台风多发季节，受台风影响大的地区要注意防风。

● 清理掉落的果实和叶子

经常清理掉落的果实和叶子，以预防病虫害

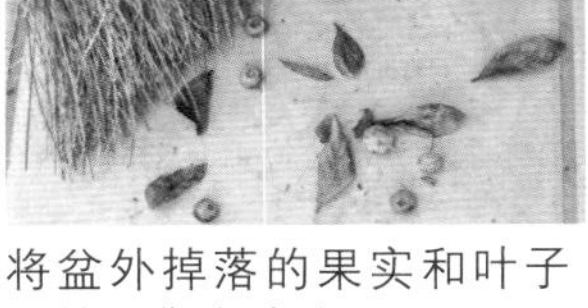

将盆外掉落的果实和叶子用笤帚集中清除

收获后的清理工作

进入9月后兔眼蓝莓的采收基本结束。必须要确认没有未采收的果实、掉落的果实和叶子，不论是庭院种植还是盆栽，都要打扫干净。果实一旦腐烂就会成为果蝇发生的源头，另外叶子分解成未腐熟的有机质，也会成为金龟子的温床。

秋肥

枝叶和果实生长等耗尽了土壤中的养分。进入9月枝叶不再生长，根系还在伸长，到了植株贮存养分的时期，这时需要在采收后施用秋肥。将缓效性的IB化肥包膜缓效肥料在距离植株基部30 ～ 40厘米范围以同心圆形施用，再轻轻覆盖薄土。

庭院种植蓝莓每株施氮素5 ～ 7克（成分为10-10-10，50 ～ 70克），盆栽为庭院种植的1/4 ～ 1/3。

● 秋肥

作为秋肥施用的缓效肥料（图为包膜缓效肥料）

在植株周围施用，轻轻盖上土

土壤酸碱度（pH）检测

用pH试纸或pH测试仪测量采收后土壤的酸碱度，当然土壤酸碱度检测不仅限于这个时期。如果pH在5.5以上，秋肥最好选择酸性的硫酸铵。这个时期以硫酸铵和包膜缓效肥料各一半为宜。

● 土壤酸碱度（pH）检测

定期采集土壤中的水（上），用pH试纸或pH检测仪（右）来测量土壤酸碱度

也可把简易酸碱器插入土壤中来测量土壤酸碱度

病虫害信息

9月开始天气渐渐变凉，蚜虫再次出现，植株会受损。要仔细观察叶片内侧和新梢，如果发现蚜虫，要用水冲洗（见49页）或胶布、牙刷等除去。

夏季完结时多发椿象，比较具有代表性的是珀蝽，会吸食植物的叶和果实。因为椿象会释放出很臭的气味，发现后用胶带粘住折好捕杀。

● **蚜虫**

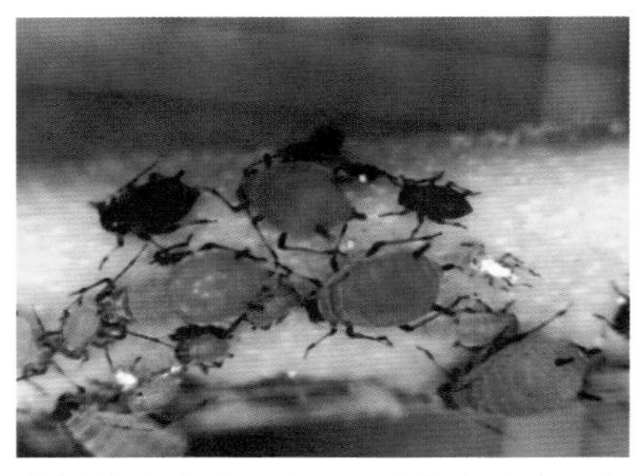

在新梢上成群暴发。夏季有所减少，但进入秋季后再次增加

● **椿象**

夏末至秋季多发椿象，图为珀蝽

浇水

早晚天气渐凉，但蓝莓根系还继续生长。庭院种植蓝莓3～4天浇水1次，盆栽蓝莓每天早晚浇水。

台风对策

8月下旬至10月进入台风季节。蓝莓是灌木，最高不过人肩膀，所以比较抗风，在台风多发地域，如果要架设防风网，可以像架设防鸟网一样。防风网网孔1～2毫米，比防鸟网网孔细。在台风过境前可将盆栽蓝莓搬到屋檐下进行保护。

● **台风对策**

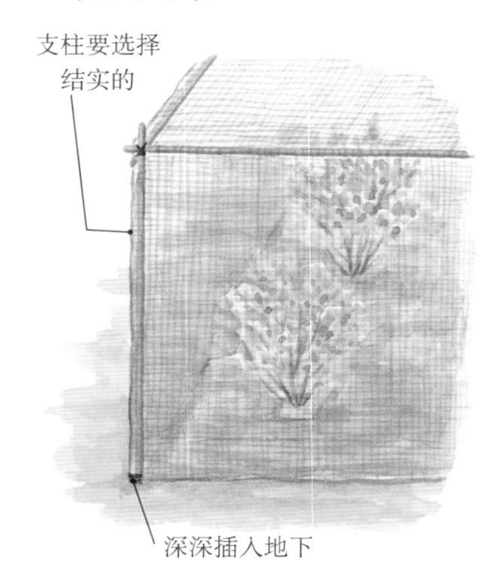

架设比防鸟网的网眼更细的防风网。选择粗壮结实的支柱，深插入地下

扦插苗的移栽

3月进行休眠枝条扦插育苗，6月进行绿枝扦插育苗，到9月中旬至10月中旬生根的苗木就可以移栽入盆了。但是苗木根系如果没怎么生长，要等到第二年春季（3月中旬至4月上旬）再进行移栽。

1 用4号盆或5号盆，盆底铺上剪成适当大小的网（右上）

2 将鹿沼土（大粒）覆盖在上面

3 把苗木从培养平盆中取出。注意不要伤到根系，需缓慢取出

4 在鹿沼土（大粒）上面铺泥炭和鹿沼土(中粒）（见34页），将苗木放置其上

5 将苗木垂直放置，留出2 ~ 3厘米的浇水空间，其余覆盖准备好的土（见34页）

6 做完后，充分浇水直到水顺着盆底孔流出为止。这样，一年生苗木就栽培完成了

10月

早晚温度低的日子变多，植株活力慢慢下降。休眠前是植株贮存养分的时期，此时还是施用秋肥的最佳时期。害虫活动变得越来越少，但还需要继续观察是否有异常。

秋肥

如果9月没有施秋肥，可在本月进行。但是北高丛蓝莓为高需冷量品种，10月下旬就进入休眠期。休眠前如果没有充分吸收肥料，第二年开春的开花结果就会受到影响。所以最好趁着根系还在活动的10月上旬施用秋肥。

病虫害信息

蚜虫、红蜘蛛、金龟子、毛毛虫等都会继续出没，但温度过低植株受损不会很严重。一旦发现还是要捕杀。

有很多人对蜘蛛‘落新妇’印象很不好，甚至害怕它，但‘落新妇’可以结出大网捕食飞来的害虫

天气变暖后就会出现毛毛虫。毛毛虫不越冬，所以发现后立即捕杀

浇水

如果发现土壤干燥，庭院种植和盆栽蓝莓都是每3 ～ 4天浇水1次。这个时期早晚都冷下来了，最好趁着地表温度还没有降低的中午温暖时段进行浇水。

11月

蓝莓是落叶灌木，十一月中下旬叶片会变红。
昼夜温差大时花青素会大量产生，呈现出漂亮的色彩。
由于地域不同，有些地方会出现温度下降到0℃以下的日子，要注意预防冻害。

北高丛蓝莓的红叶。休眠期长的品种红叶出现较早

兔眼蓝莓‘提芙兰’的红叶。霜害的对策是在植株基部覆盖稻草进行防护

冻害防治

北方或高海拔地区，这个时期会降霜，根系可能会遭受冻害。耐寒的北高丛蓝莓能够对抗冻害，但南高丛蓝莓和兔眼蓝莓必须进行防护。在下霜前，用稻草和秸秆将植株基部盖住，维持地温，可以有效预防冻害。

病虫害信息

没有发现新增病虫害，植株也不怎么会受病虫害侵害。如果发现害虫，仍要及时捕杀。

浇水

根据土壤干燥程度来判断，每周浇水1次，在白天进行。

12月

红叶观赏期结束，开始落叶，枝条暴露出来。积雪地区要防范积雪压折枝条。另外，要开始认真准备过冬，覆盖稻草来维持地温。

落叶后的蓝莓枝条。也有很难落叶的品种（图为南高丛蓝莓‘杜珀林’）

防范雪害

蓝莓枝条细，另外休眠期枝条柔软度下降，硬度上升，为此，树冠上如果有积雪，很容易压断树枝。

防范雪害主要对策是用绳子将植株捆成束。具体做法是用绳子绑住植株基部，然后从下往上将植株绕圈绑好，将树冠收拢闭合。我国北方和山区等每年都有积雪的地区，必须进行防护。另外，平时没有积雪地区，1～3月由于受低气压影响有时也会突然降雪，所以也推荐进行雪害防范。

此外，当气温降到0℃以下时，土壤冻结天数也会增多。庭院种植可以用稻草覆盖植株基部，盆栽可以在夜间移到屋檐下。

● 防范雪害——枝条结成束

冬季的蓝莓。树冠比较大，如有积雪会压折枝条

1 用绳子从基部绕一圈绑住植株并固定

2 用绳子将植株自下而上一圈一圈缠起来

3 用绳子将最上面的树冠收拢闭合

病虫害信息

蚜虫和红蜘蛛基本绝迹，介壳虫在室外也基本见不到。体长1毫米的粉蚧会藏匿于老枝树皮的裂缝中过冬，要在越冬前确保老枝没有被寄生，1 ~ 2月修剪时可以疏除这样的老枝。

另外，12月由于落叶可以看见整个枝条，刺蛾和蓑蛾的茧也很容易被发现。如果发现立即捕杀，不要让它们越冬。

浇水

地温降低，如果早晚浇水，土壤中的水会冻伤根系，所以应选择在白天温暖的时段浇水。每10天浇水1次，选择在土壤变干的时候浇水也没问题。

蓝莓酱的制作方法

蓝莓味甜、微酸，并含有果胶，很适合制作果酱。如果使用66页介绍的冷冻蓝莓，经过冷冻蓝莓细胞被适度破坏，更容易析出果汁。

1 准备好材料。冷冻蓝莓500克，砂糖200克，储存瓶。砂糖重量为蓝莓重量的40%为宜

2 将冷冻蓝莓放入锅中。果实较硬的兔眼蓝莓和相对柔软的高丛蓝莓混合，可以品尝到颗粒感

3 中火加热。果汁析出，沸腾后改为小火。虽然没必要取出涩液，但如果在意取出也行

4 放入砂糖。一边熬煮一边品尝味道，分2～3次放入砂糖，煮10～15分钟

5 果酱要收汤，熬至黏稠状就完成了。为了让果酱尝起来有颗粒感，煮时不要将果实打散

6 将储存瓶用热水蒸煮消毒10分钟。为了提高贮藏性，必须在果酱要装瓶前再将瓶从热水中取出

7 趁热将果酱装入瓶中，直到装满为止。不要留下空隙，将盖子轻轻盖上

8 在余热散尽前将瓶子倒置。这样瓶中的空气就可以析出，接近密闭状态

9 最后用力将盖子拧紧。在密闭状态下常温可保存1年，开封后冷藏条件下3周以内食用

用微波炉制作果酱

用微波炉可以做出立即就可食用的果酱。因为制作量不多，所以不能保存，需在几天内吃完。

1 将冷冻蓝莓100克放入塑料饭盒等耐热容器中，盖上保鲜膜，在微波炉里加热10分钟，可以转慢一些

2 加热好后，汁液会析出，根据自己喜好撒上适量砂糖摇匀。砂糖量为蓝莓重量的40%为宜

3 再次放入微波炉中加热7 ~ 8分钟。这个阶段果酱会很烫，为了让水蒸气跑掉，需要打开保鲜膜的一角

4 搅拌均匀直到成为酱状就完成了。然后再用微波炉加热，加入砂糖调成自己喜爱的口味

冷冻蓝莓的吃法

前面讲的蓝莓果酱制作是最流行的冷冻蓝莓食用方法，另外冷冻蓝莓还可以用于制作料理和甜点等，应用范围很广。在这里介绍4种方法。

蓝莓鸡胸肉的烹煮

在锅中放入充足的冷冻蓝莓，加热至果汁析出，将一块鸡胸肉整块放入，加盖烹煮。鸡胸肉浸泡在果汁中烹煮15分钟完成。过程中不添加任何调味料，鸡肉会染上蓝莓的颜色，您会发现鸡肉的味道和蓝莓的酸甜味竟意外地合拍

蓝莓酱汁

将一块鸡腿肉加入盐和胡椒调味，然后用平底锅煎烤，直到里面也烤熟为止。将冷冻蓝莓用其他锅加热（不需要加入调味料），煮好后将蓝莓酱汁倒在鸡肉上。同样的蓝莓酱汁浇在猪肉和鱼肉上也很好吃

鲜榨蓝莓果汁

如果有榨汁机，可以制作果汁。将冷冻蓝莓在常温下解冻，将苹果削皮切块倒入榨汁机。蓝莓和苹果比例为3：7，这样制作出来的果汁稍微有些甜，喝起来味道更好

蓝莓沙冰

如果有果蔬冷冻机，夏天可以制作100%蓝莓果汁的冰沙。在低温时更容易感受到酸的口感，若添加市场上销售的香草冰激凌，口感更佳

第4章

蓝莓栽培常见问答 Q&A

Q1 我家蓝莓在庭院种植了很多年，但是不知道品种的名称。

从3个系列的不同之处区分蓝莓品种

没有确认好蓝莓品种就购买了种苗，然后种在庭院的人很多。同样是果树，柑橘和葡萄不同品种的果实形状和颜色有很大差别，栽培后也能够鉴别品种，但蓝莓外观上基本相同，很难辨别。准确的鉴定方法只能是通过DNA检测，但本书介绍家庭也能选用的品种鉴定方法。

蓝莓分北高丛蓝莓、南高丛蓝莓、兔眼蓝莓3个系列。每个系列各有许多品种，常见的栽培品种就超过百种。

首先，先来说说如何区分高丛蓝莓和兔眼蓝莓。高丛蓝莓的采收期在6月上旬至7月下旬，果实个大且甜度高。而兔眼蓝莓的采收期在7月中旬至9月上旬，果实个小，酸味强。两者的品系不同，所以区别比较大。

其次，可以用秋天红叶来辨别北高丛蓝莓和南高丛蓝莓。北高丛蓝莓适应寒地，休眠期长，在北方地区进入11月就会红叶，十分美丽。而适应温暖地区的南高丛蓝莓休眠期短，暖冬时也会不红叶，一直保持绿色状态。

充分利用调查资料和商品目录

想要准确鉴定品种，也可以调查资料。专业人员一般从株型、叶、花和果实等形态特征来区分品种。《蓝莓种苗特征分类调查报告》（日本农林水产省委托东京农工大学）可以成为日本当地的鉴定标准。因为是20年前的调查，所以此报告书不含近年的新品种，按该书一定程度上能鉴定品种。报告书为公开资料。想要详细了解不同品种的鉴别方法，可以登录下面网址下载PDF版本(http://web.tuat.ac.jp/-plant-f/blueberry.htm)。

蓝莓3个系列的特征及区别

	北高丛蓝莓	南高丛蓝莓	兔眼蓝莓
休眠期	休眠期长，需冷量为800～1 200小时	休眠期短，需冷量为100～800小时	休眠期400～800小时
红叶期	11月上中旬出现红叶	11月中下旬出现红叶期，暖冬时不会红叶	11月中下旬出现红叶
适合种植地区	适合冷凉地区栽培	适合温暖地区	适合温暖地区，一部分冷凉地区也可种植
树势	在适合地区树势强，高温条件下树势会变弱	与北高丛蓝莓相比，树势稍弱	树势强
采收量	采收量少至中度	采收量少	采收量多
开花期	开花期为4月中下旬	开花期在4月中下旬	开花期在4月中下旬
采收期	果实成熟期较短，采收期较长，在6月上旬至7月下旬	果实成熟期较短，采收期也略短，在6月上旬至7月中旬	果实成熟期长，采收期迟，一般在7月中旬至9月上旬
果实外观	大粒，横径宽，容易变成椭圆形	中粒，比北高丛蓝莓略小	小粒，横径短，球状
口感	果皮和果肉较柔软，甜酸比例好，口味甚佳	果皮和果肉中等硬度，甜酸比高，口感偏甜的品种居多	果皮和果肉硬，含糖量高但酸度也高，味道浓厚，完全成熟后口感偏甜，十分美味

另外，关于新品种，种苗公司的商品目录中有品种照片和特征，也可以参考判断出大致方向。

Q2 种了多年，但植株就是长不大？

植株不生长的原因有很多，这里列举主要的原因。

选择的品种是否适合当地栽培

北高丛蓝莓适合冷凉地区，南高丛蓝莓和兔眼蓝莓适合温暖地带。比如，北高丛蓝莓在温暖地区栽培，叶子会变小，抽枝不好，在亚热带地区种植由于休眠时间不足，导致开花迟缓。另外，如果南高丛蓝莓和兔眼蓝莓在冷凉地区栽培，冬季无法忍受低温，会从抽枝顶端开始枯萎。

因此，栽培时要考虑栽培地的环境，必须选择适合的种类和品种。

土壤环境是否适合

蓝莓最适土壤pH为4.3 ～ 5.3。如果pH超过5.5叶片就会变黄，这种现象被称为叶片黄化。

如果把北高丛蓝莓和南高丛蓝莓种植在pH高的土壤中，会导致铁和锰的吸收变差，枝条顶端的叶片会变黄。黄叶的光合作用低下，营养生长缓慢，如果再不修剪导致坐果多，会对营养生长造成很大影响。叶片多数变黄的植株，必须配合土壤改良并减少坐果，使其长出粗壮的枝条。

另外，蓝莓的土壤适应性差，对干燥或潮湿的土壤都很敏感。潮湿会影响根系生长，特别是持续阴雨时，根会褐变，没有新生根的苗木，吸收的养分和水分都会减少，对营养生长十分不利；另外，蓝莓也不适应干燥环境。所以在浇水时要考虑到干湿两个方面。

是否遭受病虫害

金龟子的幼虫会啃食根系。被害植株根量减少，营养生长明显变差。

如果遭受金龟子啃食时，先连根拔起，修剪地上部分的枝条，减少叶片数量，将植株根系放入水桶将幼虫淹死。之后，移植到含有氮素的花盆中，放在阴凉地方管理。待新梢生长，再次搬到有日照的地方休养。

结果是否过多

蓝莓结果过多时，基本不抽枝，这叫作坐果过多现象。通常会通过控制开花数和坐果数、修剪花芽、摘花、疏果来控制。如果不进行这样的修剪任其自由生长，或者修剪不够导致坐果过多，会影响营养生长。

蓝莓一般都会受精，子房开始膨大，此后新梢生长变差。这是因为枝条中储藏的养分多数被果实分走，供给新梢的养分减少。这样下去，枝条会变细，叶子会变少。光合作用合成的果糖和淀粉量减少，并且基本都供给果实，新梢就无法生长，顶端的叶片变黄。如果每年重复下去，树就不会长大了。

坐果数适中的枝条饱满，叶子多

坐果多的枝条变差，叶片少

Q3 虽然种植了不同品种，但光长叶不结果？

植株营养生长良好，但无法顺利进行授粉受精，或者修剪过多导致坐果少，都会发生枝繁叶茂但不怎么结果的情况。

同系列之间的授粉

果树的一般特性中，有一种被称为自交不亲和性（自花不结果）。自交不亲和性指同花花粉即使授粉成功，也不能坐果的现象。代表果树有苹果、梨、樱桃等，蓝莓也是其中一种。自交亲和性（自花结果）是指同花的花粉可以授粉给雌蕊并结出种子。代表果树有柑橘、葡萄等。

自交不亲和性果树，只有一株果树是无法坐果结种的，想要授粉需要其他品种的植株（授粉树）。蓝莓种植时，每个品种种1株，最少要买2株。

另外，在购买时需要注意组合品种。

例如，北高丛蓝莓同系列组合的坐果率为80%，亲和性最好。同“种”的北高丛蓝莓和南高丛蓝莓组合坐果率为70%。但是不同“种”的北高丛蓝莓和兔眼蓝莓组合坐果率低于40%，南高丛蓝莓和兔眼蓝莓组合坐果率不足20%。

这样，想要培育兔眼蓝莓，只能在兔眼蓝莓中选择2个品种，高丛蓝莓培育时需要在北高丛蓝莓或南高丛蓝莓中选择2个品种。

● 系统间的亲和性及坐果率

	北高丛蓝莓	南高丛蓝莓	兔眼蓝莓
北高丛蓝莓	◎（80%以上）		
南高丛蓝莓	◎（70%以上）	○（50%以上）	
兔眼蓝莓	△（40%以上）	×（不足20%）	◎（80%以上）

果实少时叶片很容易茂盛

另外，坐果率不高的植株，叶片光合作用产物（糖和淀粉）基本上都供给了新梢，叶片会变得十分茂盛。这个现象，特别是在兔眼蓝莓上表现显著。疏除枝条顶端的花芽，基部的叶芽就会生长得很好，甚至过度茂盛。幼龄阶段受到病虫害侵害的植株会变弱，必须疏除花芽、休养植株，但在苗木生长良好的情况下，要确保留住花芽，让其结果来避免徒长。

没有坐果的枝条。光合作物产物会分配给枝条，枝叶繁茂甚至出现过度茂盛的现象

已经坐果的枝条。光合作用产物会优先分配给果实，所以会抑制枝条生长

Q4

蓝莓为什么会对浇水敏感？

须根没有根毛，吸水能力弱

浇水是十分重要的日常管理工作，决定蓝莓生长的好坏。

蓝莓没有主根和侧根的区别，多数是须根，根系生长范围浅且窄，大多数的根都集中在树冠下。因此，蓝莓的根系不会为了得到水分而向深土层伸展，也不会向周边生长形成侧根。

根毛能有效地吸收土壤中的养分和水分。蓝莓的须根没有根毛，因此比起其他植物，蓝莓吸收养分和水分的能力很弱。

蓝莓的根系寄生着丝状菌（菌根菌的一种），连接土壤和根系，起到吸收养分和水分的作用，特别是有助于蓝莓吸收磷；另外，随着菌丝的伸长，表面积扩大，对水分吸收有很大帮助。如此与菌根菌构成共生关系的不只是蓝莓，约80%的植物都与菌根菌建立共生关系。如果没有适合菌根菌活动的干湿环境，根系活力会变弱。

让我们来看看浇水会让蓝莓根系如何生长。从下页的图片可以看出，浇水后土壤含水量上升，水分流失后根会伸长；相反，如果土壤中水分缺失时再浇水，根会伸长。也就是说，排水良好的土壤勤浇水，干湿张弛有度，根系才会生长。

● **根和菌根菌的共生关系**

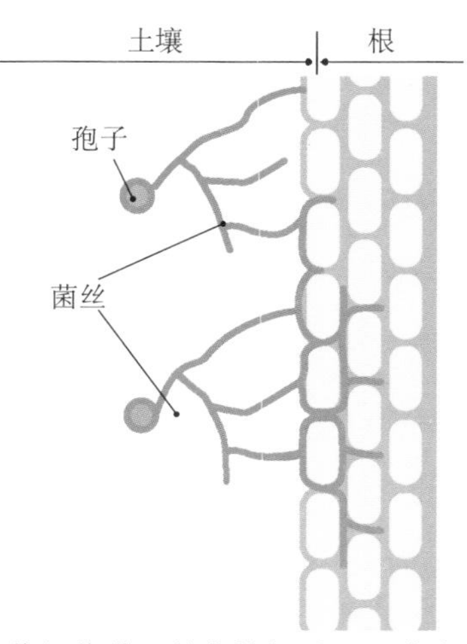

菌根菌进入植物的根系，形成连接根和土壤的桥梁，帮助植物吸收土壤中的水分和养分

● **浇水和根的生长**

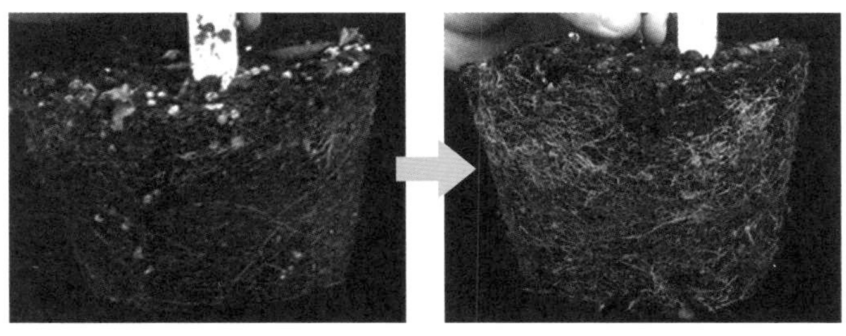

左图为浇水后不久。水排走后，干燥会促使根伸长

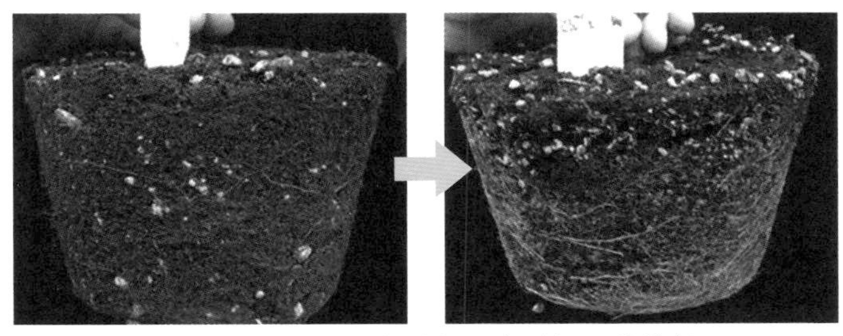

左图为干燥状态。浇水后不久就能观察到根系的伸长

浇水与生长发育相关

持续干燥或持续排水不畅都会对植株生长造成重大影响。

比如土壤中水分过多，根会发生褐变，阻碍根系机能。这样，植株叶片会发生枯萎，叶色变浅。特别是在梅雨季，雨量过多会导致该现象发生，所以要根据天气变化来浇水。另外，如果栽培地的地下水位高，排水也会差，这时最好采用培垄浅栽（见39页）的方法。

夏季按下述浇水量来浇水为宜，8年以上的大树每株浇水1.5 ～ 2升，4年以下的植株0.7 ～ 1升，3年以下的小树0.3 ～ 0.6升，在早、晚比较凉爽的时段分2次进行浇水。

Q5 种植在碱性土壤里怎么办？

石灰石是酸性土壤的改良材料

种植在偏酸性土壤中，植物很容易因为缺钙引起生理性病害，而加入碱性土壤改良材料后，土壤酸碱度会上升。因此，在一般种植蔬菜的田里使用石灰石是常见的现象。

例如，菠菜喜碱性土壤环境，所以种植菠菜的田里会常年保持pH高于8。而蓝莓喜酸性土壤环境，在pH4.3～5.3的土壤环境下栽培，蓝莓生长最为旺盛。因此，在使用过石灰石的田地里种植蓝莓，需要采取降低土壤pH的策略。

用肥料和微量元素调节土壤酸碱度

通常，种植蓝莓苗木要使用酸性的泥炭和鹿沼土充分混合而成的土。在这样的土中还要加入偏酸性的硫酸铵和硫黄做基肥，另外，还会加入硫酸铁（5克/米^2）或螯合铁（5克/米^2）、硫酸锰（15克/米^2）等微量元素肥料。

一般每平方米使用硫黄70克就能让pH下降0.75。另外，不能调整酸碱度的泥炭本身酸碱度为4～5.5。购买时最好选择没有调整过酸碱度的泥炭。

还有，土壤pH高时，也可以将磷酸稀释液薄薄地撒在土壤上，但要算好稀释的倍数。

兔眼蓝莓在pH略高的土壤中也会生长得比较旺盛，但高丛蓝莓如果不降低土壤酸碱度就种植，会对生长发育产生十分不好的影响。蓝莓移栽后，也要定期检查土壤酸碱度（见71页）。

Q6

叶片变黄怎么办？

缺锌导致叶脉间叶肉变黄

叶片变黄被称为黄化。黄化是因叶片细胞中的叶绿素无法正常合成，叶黄素含量偏高时表现出来的。

植物的叶绿素是用来进行光合作用的，而黄化的叶片无法正常进行光合作用。所以，糖和淀粉等光合作用产物变少，影响新梢正常生长和果实膨大。黄化的原因主要有两个。

微量元素供给不足和过度潮湿、干燥等引起

一种现象是枝顶端新叶变黄（见55页）。这是由于合成叶绿素所必需的铁、锰、镁不足造成的。土壤中这些金属元素的含量少，或是pH过高导致根系无法吸收铁等元素，从而引起叶片黄化（见54页和90页）。

另一种现象是植株全株黄化。开始时植株基部叶子颜色变浅，之后黄化范围扩大，全株变黄的同时基部叶子掉落。这可能是由于土壤潮湿或干燥等引起植株根系老化或枯死，或植株根系遭受金龟子幼虫啃食使根量变少，根系无法吸收氮素等营养元素造成的。

特别要注意的是梅雨季节，雨季持续，土壤中的水分变多，空气变少，氧元素不足引起根系功能下降。梅雨过后，由于高温和干燥使叶片蒸腾作用旺盛，这时根系活力差，根量不足，吸收氮素等养分和水分不能满足蒸腾作用的需要，就会发生黄化现象。所以梅雨季节的浇水、金龟子防治工作等都十分重要。

Q7 除了缺乏铁和锰外，还会发生什么元素缺乏症？

前面已经多次介绍过，缺乏铁和锰是蓝莓代表性的生理病害，除此之外，还有一些需要留意的生理性病害。在这里，简单介绍几个具有代表性的生理性病害。

氮素缺乏

缺氮是经常会发生的生理性病害之一。首先，从基部的老叶开始黄化，渐渐蔓延到顶端，然后植株全株都会变黄。和其他生理性病害不同，缺乏氮素引起的黄化症（见54页）并不是长出黄色斑点等，而是叶片整体发生黄化。发生这样的症状可以使用硫酸铵和尿素等氮素化肥，并控制过量浇水促进根系活性，来改善该症状。

磷素缺乏

缺磷是偶尔会发生的生理性病害。叶片的尖端或边缘从暗绿色变成紫色，变色的叶片变小，枝条变细，并略显红色。症状在短时间内出现，一般从老叶开始发病。

使用可溶性磷化肥能改善该症状。

钾素缺乏

缺钾是周期性发生的生理性病害。从抽枝顶端开始枯萎，出现叶边缘枯萎、叶片卷曲等症状，和因浇水不足引起的干旱症状相似。

用1%的硫酸钾液肥喷洒叶片表面，可以改善症状。

镁素缺乏

夏天结束时植株很容易缺镁，在沙质土壤中种植时，该现象会周期性发生。镁是叶绿素合成必需的元素，和缺乏铁和锰一样，叶子出现黄化症状。但是，缺镁的黄化现象表现在远离叶脉的地方，叶脉周围仍然保持绿色。症状最初出现在新梢基部或老叶上。

用1%硫酸镁液肥喷洒在叶片表面，每周施用1次，症状会改善。

土壤管理容易，品质也变好

无土栽培是指用氮素等液态肥料（营养液）来培养植物的栽培方法。其中，使用可以支撑根系的土壤来栽培的方法被称为营养液土耕栽培；只用营养液栽培的方法被称为水耕栽培。

近年来，营养液土耕栽培法被蓝莓生产者广泛采用。营养液栽培的装置有装水和浓缩液体化肥的数个容器，将这些液体混合所需要的泵，控制营养液和浇水次数的装置，EC（土中含有化肥的总量）检查装置。另外，还有在蓝莓种植中将营养液调节成酸性的装有磷酸的容器。调整过pH和EC的营养液通过泵压送到管子中，在定好的时间里送到各个壶中，过滤后滴灌。

此种植方法的好处在于，高丛蓝莓比露地栽培生长发育更好，pH调节也更简单。初期投资花费会多一些，但是其土壤管理简单，蓝莓品质也会更好，所以渐渐被生产者接受。

露地栽培

营养液土耕栽培法

● 蓝莓主要病害

病害名称	病害的表现	防治方法
灰霉病	灰霉病是由灰葡萄孢菌引起的，虽然极少发病，但一旦发病将为害全株。灰葡萄孢菌会感染绿枝、叶、花、果实，叶片褐变、扭曲；花枯萎褐变，长满灰色的霉菌	将感染植株整株拔除。温暖气候和降水的环境容易发生灰霉病，所以要控制浇水，通过修剪枝叶降低树冠内湿度
煤烟病	并不是一种病害，而是介壳虫虫害发生时，茎和叶出现的症状。病原体通常存在在植株表皮，在幼枝或叶表面形成灰色或黑色的斑点，因此会呈现斑点状	因不是病害，所以也没有必要特别防治。用水冲掉即可
果实腐烂病	收获前后发生在果实上的病害，在枝和叶上偶尔也会发病。该病发生时，果实表面坑洼不平，果肉果冻状，并带有橘黄色的孢子体。枝条焦褐色，部分坏死	春夏雨水变多，致病菌会随着雨水飞散，并感染花和果实。通过修剪降低树冠内湿度，避免大量浇水，剪除被感染枝条
白粉病	白粉病是蓝莓种植时经常出现的病害。初期症状为沿着叶脉褐变，在叶片上能看到白色粉末。孢子会通过风传播并感染新叶	在高温多湿的环境下容易发生，所以要降低种植场所的湿度。不会出现大面积受害，发现后要及时剪除感染部分
斑点病	斑点病为蓝莓种植的常见病，该病症状为叶上出现褐色或紫色边缘的斑点。另外茎也会出现类似症状，病情严重时枝条会枯死。感染一般是从新叶开始，病症发生1个月后肉眼可见	最容易发病的季节在5～8月，梅雨季节更容易发生。控制浇水、降低湿度能有效预防斑点病
根癌病	发生在根或茎基部的病害，通常是由于细菌从根或茎的伤口侵入形成脓包。脓包从奶黄色变成明亮的褐色，然后慢慢变暗，最后呈现黑色。被感染植株矮化，树势变弱	酸性土壤会抑制该病发生，所以土壤酸碱度应保持在低值。去除、烧毁感染植株。不要在发生过该病的地方再种植

家庭种植，首先要具备病虫害防治知识。发现害虫时，能立即锁定受害原因，捕杀害虫，在植株周围架设防虫网，通过修剪枝叶、增强树冠内部通透性等，建立多样的物理防除方法。

另一方面，当病原菌（细菌、病毒等）无法通过肉眼来判断，必须从受害症状来判断病因。

Q10

如何更好地判断授粉是否成功？

检查子房膨大程度

北方地区蓝莓开花期在4月中旬，高丛蓝莓开花时间为14天，兔眼蓝莓开花时间为10天。高丛蓝莓有自交亲和性品种，但为了提高坐果率可以与其他品种的高丛蓝莓混植杂交。而兔眼蓝莓自交亲和性差，必须与兔眼蓝莓其他品种混种。

蓝莓可以通过蜜蜂和熊蜂授粉。庭院种植时，和其他植物一起混植可以引来虫媒昆虫，但在温室种植时，因植物种类不多，吸引虫媒昆虫概率很小，需要人工授粉（见52页）。

授粉的重点是要将花粉涂抹到雌蕊柱头，为了不让花粉被风吹落，最好选择在没有风的晴朗白天进行授粉。

上一年的枝条，开花、结果按先顶端花芽到基部花芽的顺序进行，花序内的小花则是从基部开始开花结果，顶端最迟。

授粉成功的小花，花瓣、雌蕊和雄蕊脱落，子房开始膨大。这个现象会在授粉后10～14天发生。

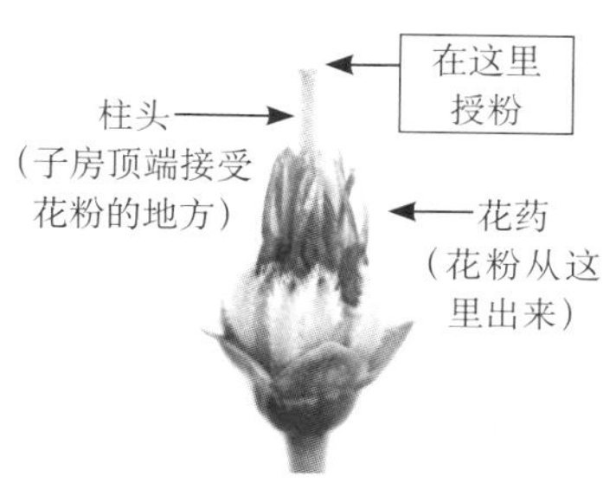

花的结构。花粉是雄蕊上的花药弹出的，授粉在雌蕊柱头上进行。

花序内小花从基部开始向顶端开花，结果也是从基部开始

Q11

春天和夏天抽出的新梢，它们分别具有什么作用？

春梢和夏梢的作用

新梢在开花后8周内迅猛生长，之后生长变缓。蓝莓在开花的同时，枝条基部叶芽消耗上一年枝条中积蓄的养分抽出新梢。这个开花之初抽出的新梢被称为春梢。在此期间，叶片的光合作用速度会随着叶片成熟而变快，果实收获前最快。之后逐渐变慢。另外，离果实近的叶片比离果实远的叶片光合作用更活跃，要想结出好吃的果实，就必须保持果实附近的叶片健全，不受病虫害所扰。

到了7月还会抽出新梢，这就是夏梢。夏梢生长发育旺盛，有时进入9月还会继续生长。

这样，新梢的生长分4月和7月两次。4月植株利用上一年贮存的养分抽出新梢，新梢进行光合作用供给果实生长；而7月抽出的新梢则是为了在休眠期来临前为第二年贮存养分。在需要进行光合作用的时期不进行光合作用会导致树势变弱（见102页），所以每个时期都有必要进行修剪。

不仅春季会抽出新梢，夏季也会

从枝条基部抽出的新梢在生长

Q12

为什么有些果实的颜色不好看呢？

果实颜色的真面目是含有超过10种的花青素

随着果实的生长，高丛蓝莓在开花后7～10周、兔眼蓝莓在开花后12～13周时，果实表面开始着色，呈现青紫色。

这个青紫色的色素就是花青素，是一类保护果实不受紫外线伤害的多酚物质，由花青素和糖构成的，有抗氧化的作用。

蓝莓种植品种中含有15种花青素。红色的花青素矢车菊素和蓝色的花青素锦葵素、飞燕草素组合而成，由于比例不同，可以呈现出粉色、红色、蓝色、蓝紫色、紫色、黑色等不同色彩。

根据各品系花青素含量的平均值来看，含量最高的是半高丛蓝莓。接下来是北高丛蓝莓、南高丛蓝莓和兔眼蓝莓。但是不同品系中各个品种之间含量也有差异，比如北高丛蓝莓品系中，含量最高品种的花青素含量是最低品种的20倍。

光照能让果实更好着色

蓝莓果实花青素的含量主要取决于品种，所以不会有着色非常不好的现象。但是，环境条件也会影响果实着色。近年来出现了开花时由于低温叶片呈现花青素色，或受全球变暖影响花青素显色被抑制的现象。

花青素可通过紫外线或蓝光诱导产生，所以直接接受阳光照射可以更好着色。为了能让果实更好地照射阳光，要适当疏剪枝叶，保证果实不长在树冠内部。

Q13

果实上的白色粉末是什么?

很容易着生果粉的北高丛蓝莓代表品种

培育出的不着生果粉的品种

果粉是果实新鲜的最好证明

大多数蓝莓品种在果实着色的同时，果实表面会出现白色粉末。这个白色粉末被称为果粉。

果实表面是由表皮细胞组成的，最外层被称为角质层。这一层是由脂肪酸类的聚合物构成，含有石蜡、饱和脂肪酸等。这是果粉的真身，起到隔开果实表面水分的作用，也能防止干燥。

不仅蓝莓有果粉，黄瓜、桃、葡萄、西瓜等都有。黄瓜的果粉常让消费者误解为“是不是残留的农药？”，所以也培育出了没有果粉的品种。

有果粉的蓝莓等水果，由于果粉的存在，果实水分蒸发少，可以长时间保持新鲜，所以果粉均匀的果实商品价值高。果粉在徒手采摘时很容易被弄掉，在鲜采直销时，徒手将果实摘下后直接放入盒子中，注意不要让鲜度下降。

Q14

判别果实是否成熟有没有窍门？

辨别能采收果实的五个要点

完全成熟的果实有香味，甜酸平衡度极好，口感甚佳。辨别果实完全成熟的方法有5点：①果实的着色程度；②果柄的颜色；③果实的大小；④果实的硬度和弹性；⑤果柄是否容易脱离。

果实表面着色是从果实顶部（萼片处）开始，向基部（果柄处）进行的。采收时，首先用肉眼确认果实表面着色情况，然后再观察果柄的着色情况，果柄着色是果实着色完成的信号（见60页）。

另外，果实着色后也会继续膨大，采收那些着色后大了一圈的果实。采收时，用拇指和食指摘下果实的瞬间，检查果实的硬度和弹性。果实松软且有弹性是完全成熟的标志。并且采收时要采摘那些轻轻一拽就脱离果柄的果实。

要注意果柄痕处溢出的果汁

要选择晴朗的天气采收。如果果皮表面有水，会很容易发霉。再有，采收时果柄痕处溢出的果汁会导致果实腐烂，要用棉签将果柄痕处溢出的果汁擦掉（见66页）。大多数蓝莓品种同一花序上果实着色时间不一致，但个别品种同一花序上的果实会统一着色，采收这样的品种要采用整穗采摘的方法（见64页）。这样果实不会有果柄痕，保存时间更久。

蓝莓采收期一般在6～9月的高温季节，采收后要立即放置冷凉处（13℃左右），或放入冰箱初步降温。如果要将果实从冰箱冷冻室移至室温处，需先将果实转移到冰箱的保鲜层，这样果实表面不容易结露，可以维持果实新鲜度。

Q15

果实尝起来很酸，这是为什么？

果实的膨大、着色会使之产生甜味

口感是由果实中甜酸比例决定的。这个比例取决于品种本身特性，当然同一品种由于树龄和采收时期（成熟程度）不同也会产生很大差异。

果实的生长分为2个模式。一个是开花后稳定地生长，然后生长突然加速，着色后生长又变缓慢。这个生长模式用图表表示很像“S”，所以被称为S形生长曲线，梨、苹果、柑橘都是这种生长模式。还有一种模式是，开始时急速生长（迅速生长期），然后生长暂时停止（硬核期），然后再次开始生长（着色成熟期）。有两个阶段的生长被称为双S形生长曲线。桃、葡萄和蓝莓都是这种生长模式。

● 果实的生长模式

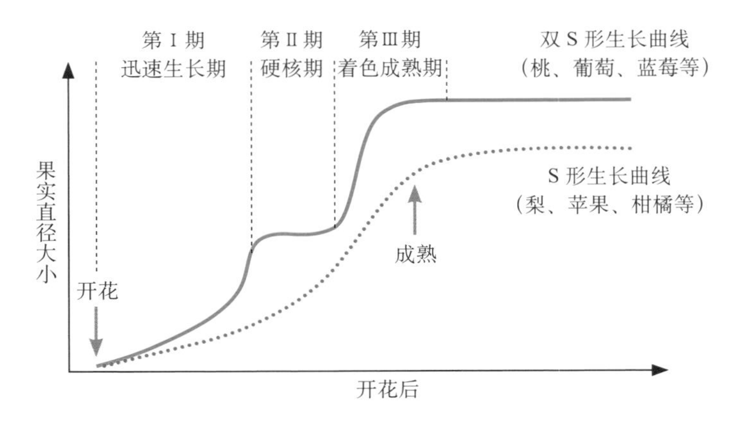

随着果实膨大，糖（甜味）在果实中积累增加，而酸（酸味）反而减少。另外，果实开始着色后，果实中的二氧化碳和乙烯会极速增加，果肉开始变软，果肉美味和芳香的成分也开始增加。

● **果实中甜酸度变化**

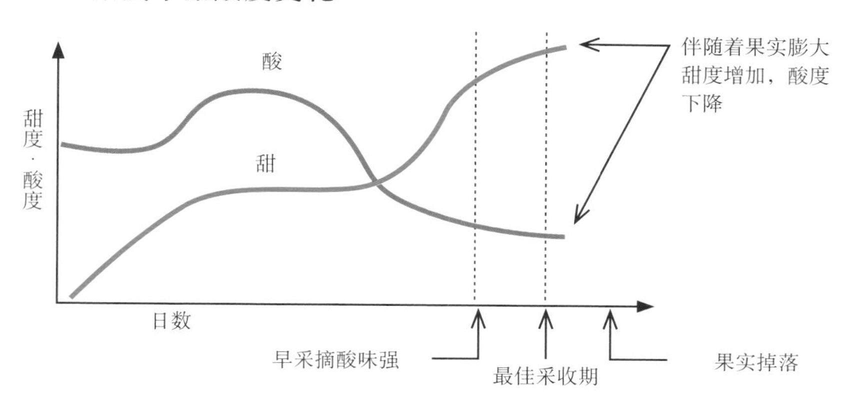

不要错过最佳采收期

针对提问，首先想要问一问采收的是完全成熟的果实吗？果实全部着色也不能说果实就已经完全成熟了。如果果柄没有着色，果实缺乏弹性，此时果肉中糖积累不够，这时采摘的果实会非常酸。果实外观看起来已经成熟了，但其实里面还没有完全成熟。想要品尝到甜味十足的果实，在采摘时不要错过完全成熟的信号。

但是没有完全成熟的酸果用处也很多。虽然不适合直接食用，但是非常适合加工成果酱。所以也可以提前采收，作为制作果酱的原材料。

兔眼蓝莓的果实普遍比高丛蓝莓酸。蓝莓的酸味是由柠檬酸、苹果酸、奎尼酸、琥珀酸4类构成的。这些果酸在兔眼蓝莓中的含量大约是高丛蓝莓的2倍。不过兔眼蓝莓的糖含量也很高，所以能品尝到很甜美的味道中带有一丝酸味。

另外，高丛蓝莓品种‘达柔’和‘赫伯特’虽是偏甜的品种，但也很容易果酸含量偏多，所以也常常被用作果酱材料。

Q16 为什么每年收获的果实都比较小？

蓝莓有时会出现树势变弱的情况。如果每年结果过多，树势就会变弱，所结果实也会变得相对较小。

每年4月，蓝莓会从枝顶端的花芽开始开花，然后从枝条基部开始抽枝（茎叶），开花和抽枝都需要能量。但4月时植株叶片较小，光合作用的产物（糖和淀粉）也很少，所以必须使用上一年贮存在枝条中的糖和淀粉来满足开花和抽枝的营养。

到了5月，新叶已经完全展开，光合作用旺盛，所以光合作用的产物可以用来帮助果实膨大，为新梢生长提供能量，还可以用于根系生长。也就是说，从4月到5月，养分的供给源从上一年贮存在枝条中的养分转换为新叶光合作用的产物。

如果上一年没有进行修枝疏果，放任其自由生长导致结果过多，贮存在枝条中的养分就会很少。这样第二年时上一年的枝条就不会萌发多少花芽，第二年开花也会变少。另外，如果新梢生长不旺盛，就会出现很多又细又小的小枝，新叶无法积累足够光合作用产物，导致果实就会变少，即使坐果，果实本身也会很小。

不怎么结果的年份，不要给植株造成负担，这样第二年才可以更好地抽枝，结果情况也会变好。但是，这不能从根本上解决树势弱的问题，所以为了每年得到大小均衡的果实，每年的修枝疏果十分重要。

上一年气候不佳或者结果过多时，贮存在枝条中的光合作用产物会减少，所以必须进行疏减果实数量，不要给植株造成负担。特别是不要让15厘米长以下的小枝坐果。另外，二年生（如果可以三年生）的植株最好疏剪掉所有花芽，先让植株生长。

● **树势弱的原因**

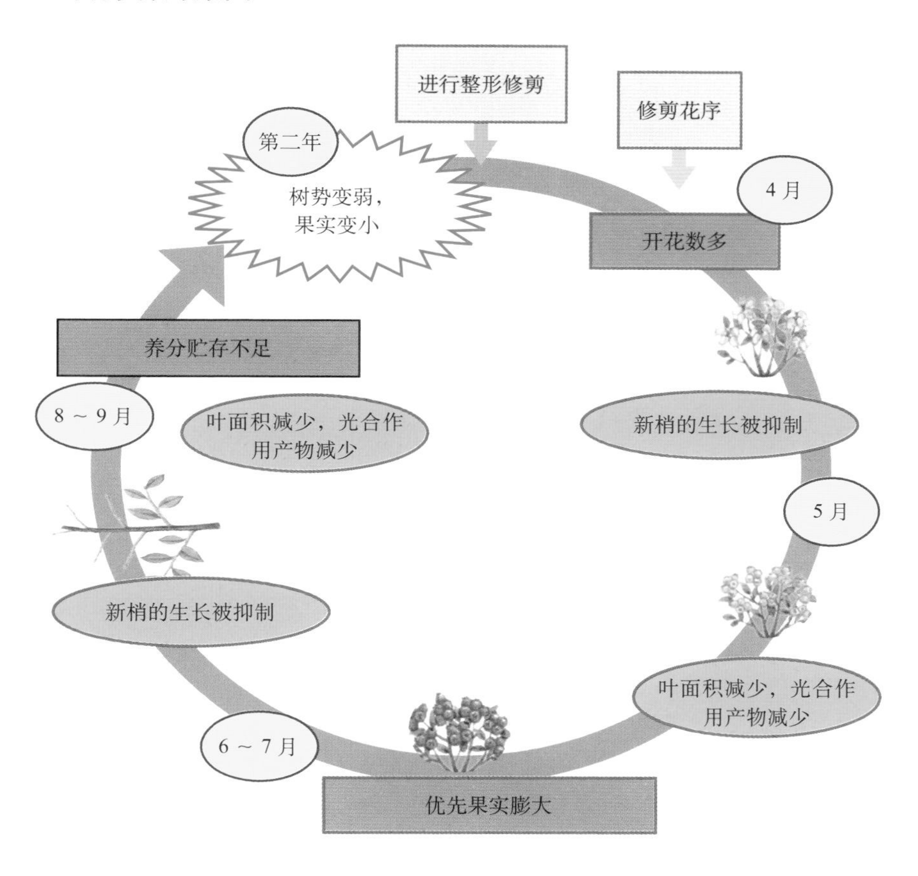

花芽和叶芽的比例应为1∶3

蓝莓新梢的顶芽和下面的腋芽会形成花芽（顶腋花芽），花芽下方会形成叶芽。1～2月就可以用肉眼区分花芽和叶芽，顶端部位膨大的是花芽，下面没有膨大的是叶芽。调整花芽和叶芽的比例到1∶3，可以结出好的果实。也就是说有9个叶芽的枝条只能留3个花芽，然后将顶端剪掉（见45页）。

Q17 请教一下关于蓝莓休眠的情况。

蓝莓从11月中旬开始，不管是根系吸收养分还是枝条生长，所有的生理活动都会停止并进入休眠期。休眠有以2种类型。

自然休眠

自然休眠是植物自发地停止生理活动引起的休眠。一旦进入自然休眠，即使恢复适合生长的温度条件，所有的生理活动也会停止，不会开花也不会萌芽。想让蓝莓从这种休眠中苏醒（休眠打破），必须让其在7.2℃以下的低温环境下待一段时间。例如，480小时打破休眠的品种就需要在7.2℃以下的低温环境下累积480小时。假如将苗木放入5℃的冰箱保存，按480小时除以24小时计算，放入冰箱20天，蓝莓就可以从自然休眠中苏醒。

蓝莓的休眠时间品种间有差异，且跨度较大，在100 ～ 1 200小时。适合温暖地带生长的南高丛蓝莓的休眠时间在100 ～ 800小时，时间较短；适合寒冷地带生长的北高丛蓝莓在800 ～ 1 200小时；兔眼蓝莓在400 ～ 800小时，处于两者之间。

被迫休眠

虽然多数品种在12月末都会结束自然休眠，但1 ～ 2月是严冬期，因为低温无法开花或萌芽。这样由于环境因素造成的休眠称为被迫休眠（强迫休眠）。

因此，如果自然休眠结束后的1月，将蓝莓放入加温温室内栽培，就会开始开花、萌芽，4月就可以采收果实。这也就是我们常说的人工促成栽培。

另外，受到全球温室效应影响，暖冬的年份由于自然休眠时间不足，也会出现开花延迟、开花数减少等问题。我们做了一个实验，秋天时将自然休眠时间长的北高丛蓝莓移入温室种植。这时蓝莓就会在7月开花，且开花数量减少，新梢数也减少。从这个实验的结果得知，北高丛蓝莓在温暖地带种植，不怎么会开花、抽枝，坐果也不好。

相反，如果将南高丛蓝莓和兔眼蓝莓种植在寒冷地带，会因为耐寒性差，出现从枝条顶端开始枯萎的现象。所以根据不同品种适合的栽培条件来种植是很重要的。

生理活动停止的休眠期是整形修剪的最佳时期。

休眠期，修剪前的树姿（兔眼蓝莓'提芙兰'）

● 蓝莓休眠类型图

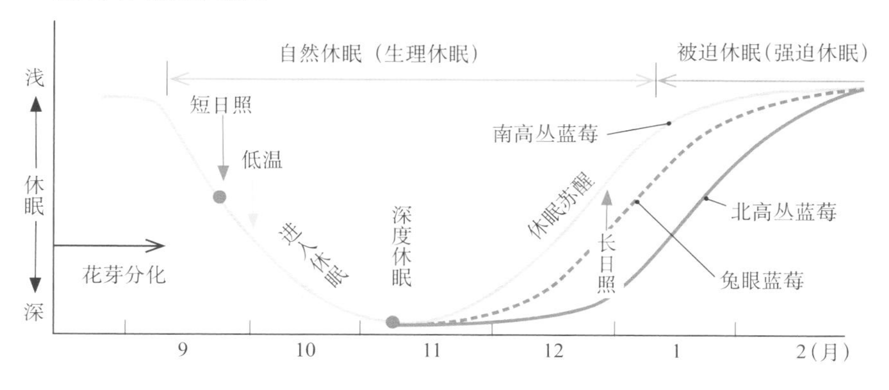

Q18

可以采用种子繁殖吗？

只有大个种子才能发芽

蓝莓果实中有种子，但种子非常小，也许吃下去也不会注意到。根据品种不同、授粉树不同，果实内的种子数量也不同，多数品种有5 ～ 20个。让这个种子发芽，也就是常说的培育实生苗。

但并不是所有种子都会发芽。种子有大有小，大的种子具有发芽的能力，被称为完全种子；种子非常小，或者不能正常发育的种子被称为不完全种子。因此，只有十分饱满的完全种子才能发芽。

播种后第三年开始开花

种子的采收方法：首先将采摘的果实从中间切开，用勺子将含有种子的果肉取出。接下来，将果肉涂抹在纸上（如报纸等），放置3 ～ 4天阴干后，果肉的水分蒸发，种子就显露出来。用手轻捻，将种子从纸上取下。

之后，将种子放在含有水分的泥炭上。刚买的泥炭不含水，播种前一天要将其放入水中，让其充分吸水。

种子在光照好的条件下才会顺利发芽，所以播种后不要覆土。另外，被红光照射会让种子更容易发芽。在室内培育时，常用含有红色光源的荧光灯等促进种子发芽，要注意白色的LED灯并不含有红光。另外，如果从上方浇水，由于水压较高会将种子冲进泥炭里或冲散种子，所以要将底下开洞的花盆或育苗盘成放入盛水容器中，让其从底部洞口处吸水，或是用喷雾型喷嘴来浇灌。

7 ～ 8月播种的种子经过1个月就开始发芽了，2个月就基本都发芽了。到了10月中旬，由于低温的原因生长停止，之后开始落叶、休眠。第二年春天再度开始生长。播种后第三年春天开始开花。

实生苗的种植方法

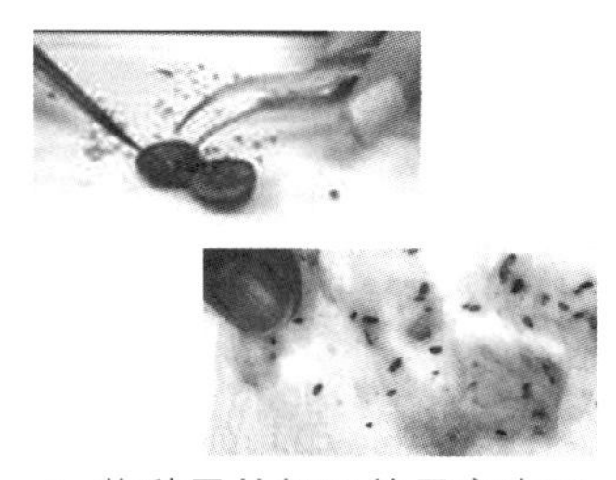

1 将种子从切开的果实中取出，阴干

2 将种子播种在含有水分的泥炭上

3 经过 1 个月左右开始发芽

4 经过 2 个月基本都已经发芽，子叶展开

5 植株长到约 20 厘米时移栽到花盆中为宜

6 播种之后第三年春天开始开花

这样的实生苗种植非常花费时间，又因为是种子繁殖，形态和质量都不稳定。所以生产上并不常用，而多用于品种改良，如将想要改良的品种，与产量高的品种或甜度高的大果品种杂交，选出产量高、甜度高的大果品种。在家庭栽培中，尝试一下种子繁殖也不错。

Q19 种苗生产者也是通过扦插繁殖的吗？

蓝莓植株繁殖，一般采用扦插的方法。采用1～2月的休眠枝条，保存在冰箱中（见47页），3～4月时扦插制作种苗（见49页）。另外，使用6～7月的绿枝扦插也可以得到种苗（见63页）。一般家庭栽培也可以用扦插法繁殖苗木，但是无法大量繁殖；另外，有些品种的扦插苗木根系发育不好。为解决这些问题，通常种苗生产者采用组织培养的方法来大量繁殖。

通过组织培养大量繁殖苗木

首先，从田中采取绿枝，将腋芽杀菌处理后置于培养基上。培养基中含有植物激素之一的细胞激动素、蔗糖和养分（WPM培养基）。在25℃的条件下，2 000勒克斯的光照培养24小时，1个月后腋芽开始抽枝生长。

之后，将抽枝上的叶切成小片放入培养基内培养，1个半月后形成不定芽和多芽体，这些不定芽和多芽体会再抽出新枝。

这个方法可以从一小片叶得到很多枝条，能更快地进行苗木繁殖。

● 组织培养的流程

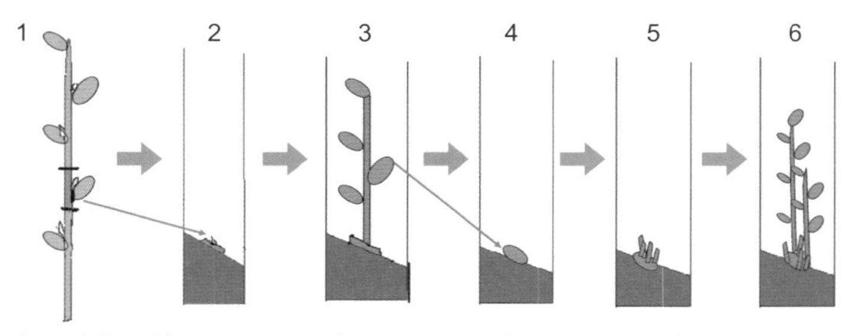

家庭种植时，如果想要延长采收时间，尽可能延长采收的乐趣，最简单的方法是种植采收期不同的品种，比如混合种植早熟的高丛蓝莓和晚熟的兔眼蓝莓。另外，如果将自然休眠结束的南高丛蓝莓放入加温环境，4月就可以收获果实了。

全年采收的‘梦幻’研究

现在，日本东京农工大学正在研究如何能让蓝莓全年都可以采收，并已有一定研究进展。

首先，缩短物候期，让蓝莓可以一年栽培两茬。该方法用的是从萌芽到采收所用时间较短的高丛蓝莓品种，控制光照和温度，本来从休眠开始到采收要用一年时间，现在可以缩短到6个月，这样每年可以采摘2次。

另外，日本东京农工大学也在研究连续开花坐果的方法（四季种植）。南高丛蓝莓中有一种被称为‘梦幻’的品种很容易“乱开花”（不定期开花），将这个品种特别培养，控制好光照和温度，在新梢顶端果实可以采收的同时腋芽分化成花芽，之后开花坐果接连进行。

这个方法已经投入到个别生产中了。相信不久的将来，我们就可以全年享受新鲜的蓝莓了。

四季种植的蓝莓枝条。在同一时期同一植株上出现开花、结果、果实成熟于不同时期的场景

日本蓝莓栽培史

虽然蓝莓是一种从很早以前就被美洲印第安人食用的水果，但直到1908年才由美国农务省遴选出野生种，进行品种选育，并尝试栽培。也就是说，蓝莓种植的历史只有短短一百年。

日本引种蓝莓是在1951年。由日本农林省的北海道农业试验农场引入美国马萨诸塞州北高丛蓝莓的数个品种。20世纪60年代，以被称为“蓝莓之父”的已故东京农工大学岩垣驶夫教授为中心，相关研究机构相继进行蓝莓种植研究，积累了一些蓝莓品种特性、授粉技术、结果等相关的基础研究，这使日本推广蓝莓栽培变得可行。

岩垣教授在日本东京农工大学试验田中种植的树龄超过50岁的蓝莓果树，因为没有更新主枝，所以主枝越来越粗

1970年，蓝莓作为果树进行推广种植，但在当时种植面积和产量都没有太大增长。不过蓝莓已经开始被用于制作果酱和蛋糕，使用量也在增加，从20世纪90年代，人们发现蓝莓中的花青素有抗氧化作用，同时蓝莓还有能缓

解眼睛疲劳等功能，这让蓝莓的消费量扩大，同时种植面积和生产量也在增加。种植面积每年都在增加，2010年日本全国蓝莓种植面积达1 041公顷，产量达2 259吨（日本农林水产省统计，2010）。都道府县、中长野县、群马县、茨城县、埼玉县、岩手县的蓝莓种植面积最多。

日本进口蓝莓主要来自智利和美国，进口量呈现逐年递增趋势。据日本财务省贸易统计的数据显示，2012年进口量为2 271吨，与日本国内生产量基本持平。

鲜食、加工的蓝莓需求量都在增加

蓝莓消费量递增主要是因果酱和蛋糕等加工品用量在增加。但是近年蓝莓被贴上了“对眼睛好的水果”“高保健功能水果”等标签，引起了更广泛地关注，所以对以观光农园为中心的鲜食蓝莓的需求量也在增加。

加工还是蓝莓需求的中坚力量。蓝莓销量的很大一部分用于加工，特别是果酱占比较多。近年来，蓝莓果酱的生产量持续大幅增长，果酱类中蓝莓果酱占比约1/4，是仅次于草莓果酱的极受欢迎的产品。

可以看出，蓝莓是在鲜食和加工两方面都被广泛利用的水果。

蓝莓果酱

蓝莓蛋糕

图书在版编目（CIP）数据

图说蓝莓整形修剪与12月栽培管理/（日）荻原勋著；新锐园艺工作室组译.—北京：中国农业出版社，2020.1（2025.3重印）
（园艺大师系列）
ISBN 978-7-109-25908-9

Ⅰ.①图… Ⅱ.①荻… ②新… Ⅲ.①浆果类果树－修剪－图解②浆果类果树－果树园艺－图解 Ⅳ.①S663.2-64

中国版本图书馆CIP数据核字（2019）第192717号

合同登记号：图字01-2018-8282号

中国农业出版社出版
地址：北京市朝阳区麦子店街18号楼
邮编：100125
责任编辑：郭晨茜　国　圆　孟令洋
责任校对：吴丽婷　　版式设计：郭　惠
印刷：北京通州皇家印刷厂
版次：2020年1月第1版
印次：2025年3月北京第4次印刷
发行：新华书店北京发行所
开本：880mm × 1230mm　1/32
印张：3.75
字数：120千字
定价：28.00元